Teil 2 meiner Abhandlung über Einsteins Thesen behandelt Entstehung, Bedeutung und Wirkung der ART **(Allgemeinen Relativitätstheorie)** ihrer Grundlagen und ungelösten Rätsel.

Besonders wird auf die Existenz von Schwarzen Löchern und Gravitationswellen eingegangen und deren Ableitung aus den Formeln kritisch untersucht. Zudem werden die (von der Öffentlichkeit unbemerkten) zahlreichen Prioritätsstreitereien ausführlich dargestellt. Und schließlich werden die Gründe für die Vergabe eines Nobelpreises für die Entdeckung der Gravitationswellen durchleuchtet.

Motto:

Und wenn du den kontravarianten antisymmetrischen Energie-Impuls-Tensor nach dem zweiten Index kovariant differenzierst und anschließend in eine Riemann-Metrik einbettest ...

Peter Ripota präsentiert:

Reise ins Ungewisse

Gravitationswellen und Schwarze Löcher

Eine kritische Bestandsaufnahme

der

Allgemeinen Relativitätstheorie
(ART)

Bibliografische Information der Deutschen Nationalbibliothek
Die Deutsche Nationalbibliothek verzeichnet diese Publikation in der Deutschen Nationalbibliografie; detaillierte bibliografische Daten sind im Internet über http://dnb.d-nb.de abrufbar.

Portrait-Zeichnungen: Monika Fischer

© 2023 Peter Ripota. 3., überarbeitete & erweiterte Auflage

Herstellung und Verlag: BoD - Books on Demand, Norderstedt
ISBN: 9783748151395
e-mail: tango@peter-ripota.de
Webseite: http://www.peter-ripota.de/einstein/

Peter Ripota, Jahrgang 1943, studierte Physik und Mathematik an der Technischen Hochschule Wien. Fast ein Vierteljahrhundert war er Redakteur beim P.M.-Magazin, wo es ihm gelang, schwierige wissenschaftliche Themen anschaulich und verständlich darzulegen. Zudem prägte er den damaligen Stil des Hefts wesentlich durch seine Mischung aus Wissenschaft, Science-Fiction und Esoterik.

Ripota schrieb zahlreiche Bücher über esoterische Themen, über die Mängel der modernen Physik, über Zeitreisen und unendliche Zahlen. Außerdem verfasste er Märchen und Parodien. Als leidenschaftlicher Tangotänzer hat er seine Erfahrungen über das Wesen des Tango in einem Buch niedergelegt.

Inhalt

Vorwort

Im ersten Teil dieser Doppel-Edition ("Einsteins einmalige Einsichten") habe ich Entstehung, Akzeptanz und Problematik der Speziellen Relativitätstheorie (SRT) aus dem Jahre 1905 behandelt und einige ausgewählte Beobachtungen und Versuche ebenso ausführlich wie kritisch erklärt. Im zweiten Teil geht es um die Allgemeine Relativitätstheorie (ART) aus dem Jahre 1915. Auch hier zeige ich ihren Werdegang, ihre Konsequenzen und Probleme. Einen breiten Raum nimmt naturgemäß die mit einem Physik-Nobelpreis ausgezeichnete Entdeckung von Gravitationswellen ein, die sich aus den Formeln der ART ergeben, obwohl ihr Schöpfer sich später skeptisch darüber äußerte. Ebenso ausführlich behandle ich gewisse Prioritäts-Streitereien, die in der Literatur normalerweise verschwiegen werden. Wer wird denn einem (Jahrhundert-)Genie geistigen Diebstahl unterstellen! Ein paar Anekdoten und ein Gedicht lockern die ernste Angelegenheit ein wenig auf.

Viel Spaß bei der Lektüre!

Wie eine Theorie entsteht

Die Entwicklung hat gezeigt, dass von allen denkbaren Konstruktionen eine einzige jeweilen sich als unbedingt überlegen über alle anderen erwies. Albert Einstein: Rede zum 60. Geburtstag von Max Planck

Kennen Sie die Sage von Zeus und Athena? Die Göttin der Weisheit wurde auf recht eigenartige Weise geboren. Wikipedia sagt dazu:

*"Als Zeus unter großen Kopfschmerzen litt, zerschlug Hephaistos auf Zeus' Befehl hin dessen Haupt (was er als Göttervater überstand). Daraus entsprang in voller Rüstung Athena. Sie wurde daher als eine Verkörperung des Geistes (da aus dem Kopf des Zeus = **Kopfgeburt**) und damit der Weisheit und Intelligenz angesehen."*

So stellen wir uns die Entstehung einer Idee, eines Kunstwerks, einer wissenschaftlichen Theorie vor. Ein Gedanke kommt in einem Augenblick aus dem Nichts, eine Eingebung ist geboren. Es geht auch ohne Axt: Nachts erscheint die Muse und küsst den Glücklichen dorthin, wo er's braucht. Daraus machen wir Mythen: NEWTON schlief unterm Apfelbaum, und als der Apfel auf seinen Kopf fiel (ganz ohne Eva & Schlange), da wusste er: So sieht die Welt aus, das Gesetz der Gravitation war geboren. Dem Chemiker KEKULÉ erschien im Traum eine Schlange, die sich selbst in den Schwanz beißt (der berühmte "Oroboros"). Daraufhin wusste der Forscher: Moleküle schließen sich zu Ringen zusammen, die organische Chemie war geboren. Und als EINSTEIN in den Schweizer Bergen spazieren ging, kam ihm plötzlich der Gedanke: So sieht die Welt aus, gekrümmt, und deswegen habe ich Mühe, mich durchzuschlängeln. Die Idee zur Allgemeinen Relativitätstheorie war geboren.

Alles Mythen (den dritten hab ich mir ausgedacht). Plötzliche Eingebungen können Denkanstöße geben, für die Entwicklung eines vollständigen Kunstwerks, also auch einer wissenschaftlichen Theorie, reichen sie nicht. Die Wirklichkeit sieht anders aus. Schon Newton wusste dies. Als man ihn fragte, wie er zu seinen Ideen gekommen war, sagte er: *Durch* **stetes** **Nachdenken**. Auf einem ganz anderen Gebiet behauptete ein berühmter Praktiker Ähnliches: Eine Erfindung besteht zu 10% aus Inspiration (= Eingebung) und zu 90% aus Transpiration (= Schweiß). (EDISON) Doch auch Newtons Vorbild des reinen Denkers stimmt nicht für die Wissenschaft, wie sie seit ihrer Etablierung durch diverse wissenschaftliche Akademien betrieben wird. Hier brauchen wir ein drittes Bild, das auch schon Newton (wenngleich eher ironisch) geprägt hat: *"Wenn ich weiter blickte als andere vor mir, dann nur deshalb, weil ich auf den Schultern von Riesen stand."* Kurzum: Jede Theorie hat (a) Vorgänger, zumindest ideenmäßig, und sie braucht (b) den für wissenschaftliche Erkenntnisse typischen Dialog.

Deswegen will ich (aus meiner eigenen Erfahrungswelt) ein drittes Bild für den wissenschaftlichen Fortschritt anbieten: den **Tanz**. Da führt zwar einer, was nur bedeutet: Die führende Person (gewöhnlich als "Mann" bezeichnet, was aber nicht immer stimmt) gibt Impulse, die geführte Person (gewöhnlich als "Frau" bezeichnet, was aber nicht immer stimmt) nimmt diese auf und formt daraus etwas Eigenes, Neues. So entsteht allmählich eine Theorie, so wächst wissenschaftlicher Fortschritt.

So wär's schön. So ist es aber nicht. Der Normalfall in der Wissenschaftspublizistik ist am besten mit der katholischen /faschistischen/ kommunistischen Inquisition vergleichbar, mit dem Herausgeber des renommiertesten Wissensjournals der Welt als Großinquisitor - das ist derjenige, der einmal gesagt hat: *Die Schriften des Biologen Rupert Sheldrake gehören verbrannt* (JOHN MADDOX). Vermutlich samt ihrem Initiator.

Heute wird die Sache so dargestellt, als ob die ART in *einem* Augenblick dem Kopf des göttlichen Genies entsprang wie Athena dem Haupte des Zeus, natürlich schon mit vorangehenden Kopfschmerzen. Doch es gab auch hier - wie in der SRT - viele Vorläufer, deren Bedeutung erst langsam wiederentdeckt wird. STEFAN RÖHLE hat dies in seiner Dissertation "Willem de Sitter in Leiden - Ein Kapitel in der Rezeptionsgeschichte der Relativitätstheorien" im Einzelnen behandelt. So schreibt er:

"Vieles neben [Einstein] erscheint in seinem Schatten, weil es durch ihn und sein vermeintliches Genie überstrahlt wird und dadurch in den Hintergrund tritt. So entsteht oft der Eindruck, Einsteins Theorien wären schlagartig nach 1905 bzw. 1915 etabliert gewesen."

Mehr davon im Kapitel "Von wem stammt die ART?"

Die Entstehung der ART:
Wie alles begann

"Wie kann sich ein Mensch etwas so Verrücktes ausdenken wie die Relativität?" lautete einer der - zugegeben, etwas reißerischen - Titel in "Peter Moosleitners interessantem Magazin" (P.M.), in welchem ich ein paar Jahrzehnte lang den Einstein-Versteher für den Einstein-Verehrer Peter Moosleitner spielen durfte. Zum Glück für alle: Die Leser bekamen anschauliches und verständliches Material, Herr Moosleitner war erfreut, seine Fragen mit einem Fachmann besprechen zu können - und ich wurde zum Skeptiker. Doch das nur nebenbei.

Jedenfalls stimmt *diese* Überschrift nicht: Einstein kam praktisch zwangsweise dazu, die seltsamen Ideen der ART zu entwickeln. Sie sollten für ihn die Lösung diverser Probleme darstellen, auch wenn sie dann teilweise selbst zum Problem wurden.

Mathematisch gesehen ist der Übergang von der SRT zu ART wirklich schwierig, der Schritt gewaltig, nämlich vom einfachen Wurzelziehen zur hochkomplexen und reichlich unübersichtlichen Tensorrechnung. Als Tangotänzer habe ich den Unterschied begriffen: Alle Figuren, die mit geradlinig-gleichförmigen Bewegungen (in der SRT und im Tango) zu haben, sind einfach, leicht zu lernen und in Bezug auf Mann und Frau (= Inertialsysteme) spiegelsymmetrisch. Doch bei Drehungen wird die Sache erheblich schwieriger: Die Rhythmen von Mann und Frau (die Verwendung von Koordinatensystemen) unterscheiden sich; die Schritte sind anders bei einer Links- als bei einer Rechtsdrehung (bei der Verwendung von ko- oder kontravarianten Koordinaten); beide zählen und tanzen zu unterschiedlichen Rhythmen (Tensoren). Man muss in der ART höllisch aufpassen, welches Beschreibungssystem man benutzt; alle Schwierigkeiten entstehen durch Drehungen; ihre Bewältigung erfordert jahrelange Übung und kann dennoch immer wieder zu üblen Fehlern führen.

Das alles fing damit an, dass ihm sein Freund PAUL EHRENFEST auf ein paar Seltsamkeiten bei Anwendung der Relativitätsformeln auf eine rotierende Scheibe aufmerksam machte. Wir haben diese Scheibe schon im ersten Band beschrieben; jetzt zeigen wir, wie es durch sie zur Idee gekrümmter Räume kam.

(1) Die rotierende Scheibe

Wir bleiben in der Speziellen Relativitätstheorie (SRT). Stellen wir uns eine ganz normale Scheibe vor, die auf ihrer Grundlage ruht (Bild 1). Das Verhältnis Kreisumfang zu Kreisdurchmesser beträgt π. Beginnt nun die Scheibe zu rotieren (Bild 2), muss sich für einen Beobachter im Mittelpunkt der Scheibe nach der Lorentzkontraktion (sie betrifft quer-bewegte Gegenstände) der Scheibenumfang zusammenziehen, die Radien aber nicht, denn die bewegen sich nicht quer zum Beobachter. So etwas können wir uns nur durch Ausweichen in die dritte Dimension vorstellen (Bild 3). Es geht aber auch anders.

Einstein erinnerte sich daran, dass das Verhältnis Umfang zu Durchmesser = π nur in einer euklidischen ("flachen") Geometrie gilt, nicht dagegen in einer nicht-euklidischen (gekrümmten). Hier kann es größer oder kleiner als π sein. Also, so Einsteins Überlegungen, müssen wir bei der "Einbettung" einer beschleunigten Bewegung - die

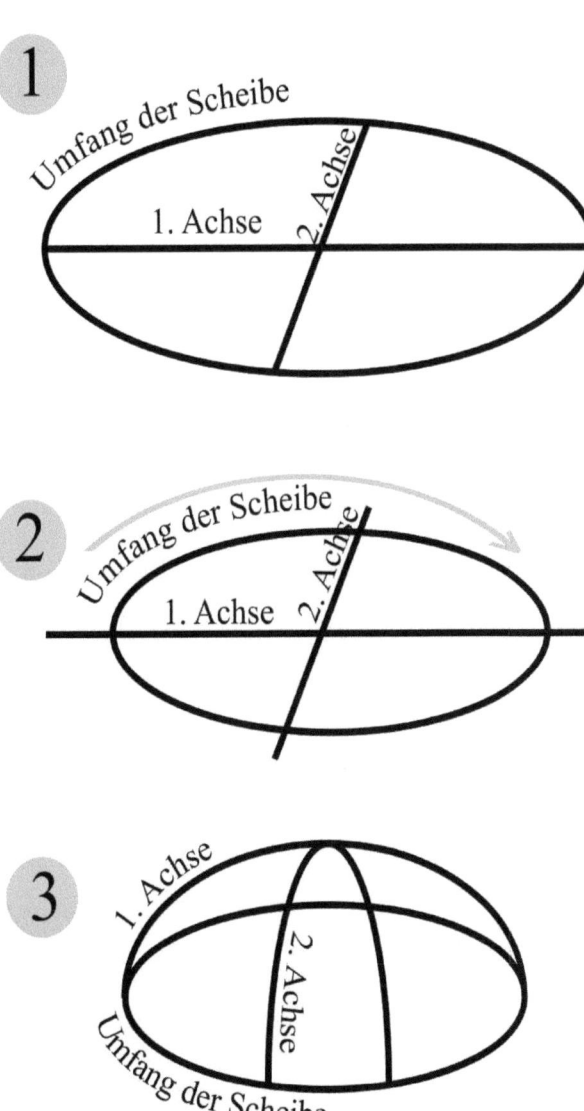

hier zweifellos vorliegt - in die SRT eine gekrümmte Welt hernehmen, um die Lorentzkontraktion verständlich zu machen. Oder, wie er es selbst in seinem Festvortrag "Geometrie und Erfahrung" am 27.1.1921 ausdrückte:

In einem rotierenden Bezugssystem entsprechen die Lagerungsgesetze starrer Körper wegen der Lorentz-Kontraktion nicht den Regeln der euklidischen Geometrie.

Allerdings kann es hier nur eine sogenannte "elliptische" (endliche, geschlossene) Welt geben, ähnlich der Erdoberfläche, keine "hyperbolische" (unendliche, offene), die auch den Randbedingungen der ART Probleme bereitet, was Einstein im gleichen Vortrag selber sagte:

Die restlose Zurückführung der Trägheit aus Wechselwirkung zwischen den Massen - wie sie z.B. Ernst Mach gefordert hat - ist nur dann möglich, wenn die Welt räumlich endlich ist.

So kam Einstein zur nicht-euklidischen Geometrie, also zu gekrümmten Räumen, die er mit Hilf der hochkomplexen Tensorrechnung zu bändigen versuchte. Weil es in der SRT keine Kräfte gibt, versuchte Einstein mit Hilfe gekrümmte Räume, Kräfte - genauer gesagt: die Schwerkraft sowie Trägheitskräfte - durch komplizierte Bewegungen (also durch Beschleunigungen) zu ersetzen. Das funktioniert auch bei homogenen (gleichförmigen) Schwerkraftverhältnissen, nicht aber bei inhomogenen Feldern oder bei Rotationen. Beschäftigen wir uns also mit gekrümmten Räumen.

(2) Krummer Raum, verbogene Zeit

> *Wenn der ganze Raum gekrümmt wäre, müsste die Zeit es gleichfalls sein. Aber was wäre eine gekrümmte Zeit, die auf sich selber zurückkäme, den Kreis schlösse und die Zukunft mit der Vergangenheit verknüpfte? Maurice Maeterlinck: Geheimnisse des Weltalls (1930)*

Die Idee, Kräfte zu eliminieren und durch die Bewegung von Massen entlang kürzester Bahnen in gekrümmten Räumen zu ersetzen - das Herzstück der ART - stammt tatsächlich nicht von Einstein, sondern von HEINRICH HERTZ, wie MAX JAMMER in seinem lesenswerten Buch über das "Konzept der Kraft" schildert. Hertz konzipierte bereits 1894 eine kräftefreie Physik, in der alles nur einem einzigen Gesetz gehorcht: Jeder Gegenstand folgt dem Weg der kleinsten Krümmung.

Hertz wollte die *Dynamik* (Lehre von den Kräften) auf eine *Kinematik* (Lehre von den Bewegungen) reduzieren - genau das, was Einstein mit der speziellen Relativitätstheorie getan hatte, und was er nun mit der Allgemeinen Relativitätstheorie ebenfalls versuchte! Und Hertz lieferte auch die Formeln, wenngleich in normaler mathematischer Sprache, ohne Tensor-Kalkül:

$$ds^2 = \sum g_i g_k \dot{q}_i \dot{q}_k \; dt^2$$

Wozu eigentlich Kräfte eliminieren? Schließlich begann die moderne Physik mit Newtons Formulierungen der *Kraft*gesetze, und genau diese unmittelbar erfahrbaren Kräfte wollte Einstein abschaffen zugunsten eines völlig unanschaulichen und nicht nachvollziehbaren, rein mathematischen Konzepts. Wozu? Nun gut, warum nicht. Wenn's funktioniert; das Konzept an sich ist faszinierend. Aber Einsteins Ansatz: "Raumkrümmung = Kräfte + Energien" funktioniert nicht immer so gut.

Auf der linken Seite der Gleichung stehen rein mathematische Größen, auf der rechten physikalische Faktoren. Die linke Seite beeinflusst die rechte (ein gekrümmter Raum führt zur Schwerkraft), aber es gilt auch das Umgekehrte: die rechte Seite beeinflusst die linke (Massen verursachen eine Krümmung des Raums). Das macht die Lösung dieser Gleichungen so schwierig. Oder handelt es sich gar um eine Tautologie, also um eine Zirkeldefinition? Fragen wir dazu am besten die Autoren WHEELER (Schöpfer des Begriffs "Schwarzes Loch") und CIUFOLINI. In ihrem Lehrbuch sagen sie dazu:

"Wieso ist es sinnvoll davon zu sprechen, dass die Verteilung der Masse-Energie die Geometrie bestimmt, wo man diese Größen gar nicht bestimmen kann, bevor man die Geometrie kennt? Was kann man dann überhaupt festlegen?"

Gespannt auf die Antwort dieser entscheidenden Frage wartend, erfährt der wissbegierige Leser:

"Die Begrenzung der Begrenzung einer Mannigfaltigkeit muss null sein. Das Universum muss zeitlich begrenzt sein, die Massen dürfen nicht rotieren, der Raum muss [mathematisch] kompakt sein."

Ah ja! Und wenn nicht, was dann? Und wenn doch, wie geht's? Sind die Forderungen nicht rein mathematischer Natur? Egal, die Unbestimmtheit der

Formeln führte sogar dazu, dass **aus Rechenfehlern brauchbare Lösungen** entstanden (siehe Literatur " Hoenselaers"). Die Autoren fragen schließlich zu Recht:

"Warum halten wir uns mit Vermutungen auf? Warum gehen wir nicht direkt [zu einem Versuch?]" Und sie geben gleich die Antwort: *"Nein [wir gehen] zur Allgemeinen Relativitätstheorie und sehen nach, was die dazu zu sagen hat."*

Also: keine Fragen an die Natur, sondern nur an Einstein! Das erinnert an BERTOLT BRECHTs „Leben des Galilei", wo sich folgender Dialog abspielt:

Der Philosoph: „Herr Galilei, bevor wir Ihr berühmtes Rohr applizieren, möchten wir um das Vergnügen eines Disputs bitten. Thema: Können solche Planeten existieren?"

Galilei: „Ich dachte mir, Sie schauen einfach durch das Fernrohr und überzeugen sich?"

In der Tat, das wäre viel zu einfach ...

Aber sehen wir weiter, wozu ein gekrümmter Raum (die Zeit bleibt immer gerade) gut sein kann. Er kann nämlich, obwohl nur ein Gedankenkonstrukt, auf magische Weise Materie beeinflussen. Doch auch diese Idee war nicht neu. Schon Gauß, einer der Erfinder nichteuklidischer Geometrien, vertrat ähnliche Ansichten. Explizit formuliert hat dann sein Übersetzer WILLIAM KINGDON CLIFFORD diese Idee. Laut Wikipedia *"nahm er in dem Aufsatz "On the space theory of matter" (1870) Ideen der Allgemeinen Relativitätstheorie von Albert Einstein vorweg, indem er die Bewegung der Materie als Folge der Raumkrümmung ansah, die sich wellenförmig ausbreiten würde."*

Also nicht nur: Raumkrümmung wirkt auf Materie (ist ein Ersatz für die Schwerkraft), sie bewirkt sogar Gravitationswellen.

Viele stellen auch die berechtigt Frage: Wo hinein krümmt sich der Raum eigentlich? Wenn Einsteins Welt vierdimensional ist, müsste doch der "Einbettungsraum" fünfdimensional sein - oder? Es geht auch ohne höhere Dimension, wie ich an einem dreidimensionalen Beispiel zeige. Die Raumkrümmungsverhältnisse können auch in zwei Dimensionen dargestellt werden:

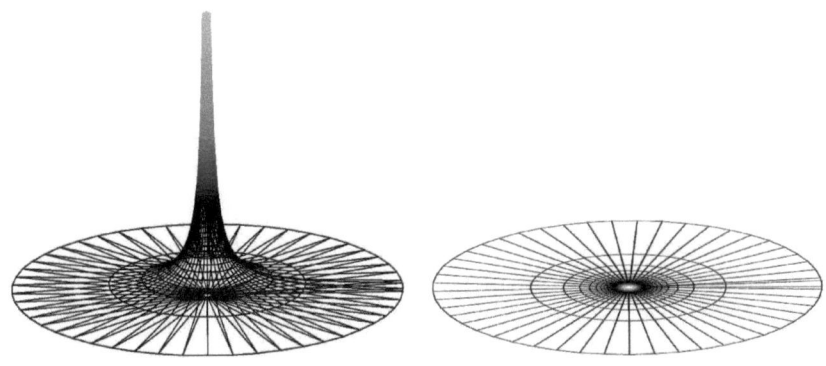

Links sehen wir eine Figur, die als "Gabriels Horn" bekannt ist. Angenommen, der 3d-Raum wäre in dieser Weise gekrümmt, also relativ extrem. Dann können wir diese Krümmungsverhältnisse auch zweidimensional darstellen (rechts). als Projektion der Figur auf eine Ebene. Aus der *Krümmung* des 3d wird nun eine *Spannung* im 2d. So vermeidet man eine höhere Dimension, die mathematisch nicht gebraucht wird. Aber für die Anschauung ist sie notwendig.

(3) Ein Mann fällt vom Dach

Einstein lebte von plötzlichen Einfällen. Als er einen Dachdecker sah, befiel ihn spontan der Gedanke: Wenn der arme Mann jetzt runterfällt, fühlt er sich schwerelos, denn während des Falls spürt er keinerlei Schwerkraft, obwohl diese immer noch vorhanden ist. Der umgekehrte Fall ist einleuchtender: Ein Raumfahrer sitzt, eingeklemmt und ohne Fernsicht, in einem Raumschiff. Plötzlich wird er gegen seinen Sitz gepresst. Was ist geschehen? Eine von zwei Möglichkeiten:

(a) Der Kapitän hat beschleunigt, was den Raumfahrer in den Sitz presste. Oder:

(b) Unter dem Raumfahrer ist ein großer Himmelskörper aufgetaucht, der ihn durch seine Schwerkraft nach hinten zog.

Wie gesagt, der Raumfahrer kann die beiden Situationen nicht unterscheiden, denn die Wirkung ist die gleiche. Das folgert auch aus der Gleichheit der *trägen* Masse, die mit Beschleunigungen zu tun hat, und der *schweren* Masse, welche die Anziehungskraft zweier Massen beschreibt.

So kam Einstein zu seinem **Äquivalenzprinzip:** Die Schwerkraft (= Anziehungskraft von Massen) kann auf Beschleunigungen zurückgeführt werden.

Einsteins Äquivalenzprinzip: Ein Beobachter kann zwischen Beschleunigung (links) und Schwerkraft (rechts) nicht unterscheiden. Das gilt allerdings nur für geradlinige Beschleunigungen. Bei Rotationen (Drehungen) ist ein Unterschied sehr wohl sofort erkenn- und messbar!

Oben: Der Lift fällt nach unten, der Mann im Lift wird dadurch schwerelos. Er weiß aber nicht, was tatsächlich passiert.

Rechts: Der Lift hängt am Seil, doch über ihm taucht ein erdgroßer Planet auf. Durch dessen Anziehungskraft wird der Mann im Lift ebenfalls schwerelos.

Schwere Masse, träge Kräfte

Eines ist es, mit der Geometrie zu spielen, ein anderes, mit der Natur die Wahrheit zu erforschen. Giordano Bruno (Ketzer)

Mit Mathematik kann man alles beweisen. Albert Einstein

Also, sagte sich Einstein, können wir Kräfte (gemeint sind: Anziehungskräfte durch die Gravitation) völlig eliminieren und durch Beschleunigungen ersetzen. Und letztere hinwiederum ersetzen wir durch die Krümmung des Raums in jedem Punkt. Das ist im Grund das Wesen der ART.

Bloß: Einstein hat sich geirrt. Sein Äquivalenzprinzip gilt nur für *geradlinig beschleunigte Bewegungen*, nicht für andere. Alles, was rotiert, ist sehr wohl absolut erkennbar. Es ist *nicht* das Gleiche, ob ich mich im Kreise drehe (wobei mir schwindelig wird) oder ob sich eine große Masse um mich dreht (was mich überhaupt nicht stört). Mit dem Äquivalenzprinzip ist beispielsweise die Corioliskraft (verantwortlich für die Bildung von Wirbelstürmen in der irdischen Atmosfäre) nicht erklärbar.

Dazu kommt: Die Gravitation wirkt immer auf ein Zentrum hin (zentripetal), die Beschleunigung dagegen, beispielsweise in Form der Fliehkraft, von einem Zentrum weg (zentrifugal). Nur bei homogenen Feldern sind beide im Kleinen gleich. Doch jeder Raumfahrer kann mit Hilfe eines Gyroskops feststellen, ob das Raumschiff beschleunigt oder in Ruhe bleibt.

Beschleunigung = Schwerkraft?

Also: Bereits im Bereich der reinen Gravitation funktioniert Einsteins Prinzip nur äußerst eingeschränkt. Kommen noch andere Kräfte bzw. Erscheinungen dazu - etwa aus dem Bereich von Elektrizität und Magnetismus - dann geht die Sache völlig in die Hose. Denn wir haben in der Schule gelernt, dass eine elektrisch geladene Kugel ihre Ladung in Form von Strahlung abgibt, wenn sie beschleunigt wird - nicht aber, wenn sie im Schwerefeld der Erde ruht!

Nimmt man elektrische Kräfte hinzu, versagt das Äquivalenzprinzip also völlig, was wir am Beispiel einer geladenen Kugel zeigen:

Fall 1 (links): Kugel in Ruhe. Eine elektrisch geladene Kugel in Ruhe strahlt nicht.

Fall 2 (rechts): Wird sie beschleunigt, beginnt sie nach den Gesetzen der Elektrodynamik zu strahlen, sie verliert also Energie.

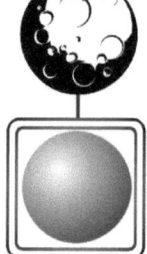

Fall 3 (links): Wird sie von einer Masse angezogen, geschieht nichts. Nach Einstein aber ist diese Situation identisch mit Fall 2 - also müsste die Kugel strahlen, entgegen allen bekannten Naturgesetzen!

Und diese Erkenntnis - die in letzter Konsequenz zu einem echten Perpetuum mobile führen kann - ist fatal. Das zumindest behauptet Wikipedia: "*Die Beobachtung einer Verletzung des Äquivalenzprinzips würde daher zeigen, dass die ART nur begrenzt gültig wäre.*" Oder gar nicht.

Doch es geht weiter. In den schönen Illustrationen populärwissenschaftlicher Publikationen erfahren wir, wie die *Raumkrümmung* die Schwerkraft ersetzt. Da wird also ein Tuch gespannt und eine Kugel - Symbol für die Sonne - in die Mitte gelegt, woraufhin sich das Tuch verbiegt. So also ist der Raum um eine schwere Masse gekrümmt! Nun kommt eine zweite, kleinere (und leichtere) Kugel dazu, welche, wenn man es geschickt anstellt, die schwere Kugel irgendwie umkreist, jedenfalls eine Zeit lang. Und schon wissen wir: Die Raumkrümmung, Ersatz für die Schwerkraft, zwingt die Körper auf *geodätische Bahnen*, das sind, innerhalb dieser krummen Umgebung, die kürzesten Verbindungslinien.

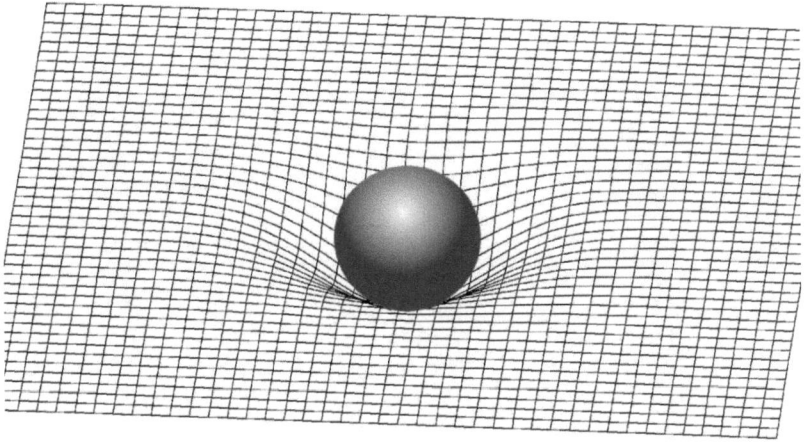

Aber, so wirft plötzlich ein Naseweis ein, der keinen Respekt vor den hohen Herren mit den großen Köpfen hat, aber: Die große Kugel beult ja nur deswegen das Tuch, weil es immer noch eine *echte* Schwerkraft gibt. Und die kleine Kugel rollt nur deswegen, weil sie von der *echten* Schwerkraft nach unten gezogen wird. Dem vorlauten Besserwisser wird zwar keine Ohrfeige verabreicht, das wäre politisch unkorrekt. Dafür wird ihm erklärt, mit vorgetäuschter Geduld, dass es sich nur um eine Analogie, ein Modell, eine Veranschaulichung handelt und die wahre Wirksamkeit des krummen Raumes nur in Einsteins eigenen wundervollen Formeln erstrahlt. Wer also mehr wissen will, muss den Meister selbst studieren. Tut er das, versteht er zwar auch nichts, aber er denkt dann anders, und solche ketzerischen Gedanken kommen nicht mehr vor.

Zusammenfassend ist zu sagen: Die Kugel krümmt mit ihrer Masse die Raumzeit, deswegen verlaufen Bahnen innerhalb der gekrümmten Mannigfaltigkeit nicht mehr geradlinig, sondern um das Dellenzentrum herum. Aber wieso macht denn die Masse eine Delle? Offenbar, weil die Schwerkraft sie anzieht - die wird aber erst durch die Krümmung erzeugt! Da wäre folgendes Bild viel angemessener:

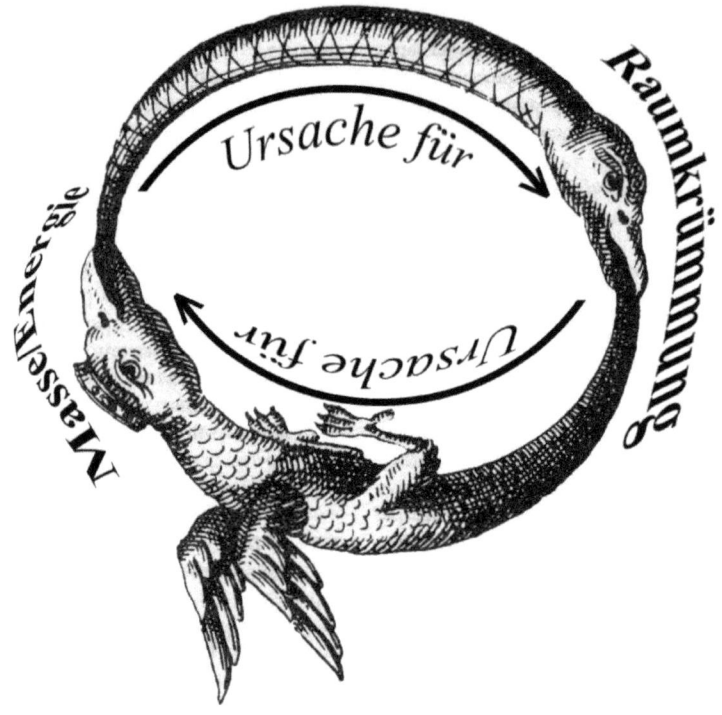

Der Wurm, der sich in den eigenen Schwanz beißt, als Symbol für eine Definition, bei der die definierenden Objekte (rechts vom Gleichheitszeichen) durch das zu definierende Objekt (links vom Gleichheitszeichen) definiert werden ... Der Raum, der durch Massen gekrümmt wird, wobei die Krümmung erst die Massen erzeugt ...

Die Quelle der Gravitation

Gravitation, subst. fem. Der Hang aller Körper, sich gegenseitig mit einer Kraft anzuziehen, die proportional ihrer Masse ist - ihre Masse wiederum ergibt sich aus der Kraft, mit der sie sich gegenseitig anziehen. Dies ist eine hübsche und erbauliche Illustration dafür, wie die Wissenschaft aus A auf B schließt und aus B zurück auf A. Ambrose Bierce: Wörterbuch des Teufels

Die Krümmung des Raums (der Raumzeit?) als Ursache der Schwerkraft hinzustellen, ist natürlich unzulässiger Unsinn. Denn was ist der (leere) Raum? Offenbar nichts wirklich Leeres, sondern irgendwie erfüllt von irgendetwas, das aber nicht sonderlich materiell sein kann. Einstein bezeichnete dieses alldurchdringende Fluidum als das, was es in der Physik schon immer war: Aether. Doch dieser Äther, von seinen Nachkommen verschämt "kosmisches Fluid" genannt (siehe das Lehrbuch von Ciufolini & Wheeler), hat nach Einstein keinerlei Eigenschaften. Wie kann etwas ohne Eigenschaften etwas so schwerwiegendes (ich weiß, schlechter Kalauer) wie die Schwerkraft bewirken?

Die ART wird immer wieder missverstanden, weil sich niemand um die geschichtliche Entwicklung kümmert. Wozu Einstein gezwungen war: Kräfte aufzunehmen, da diese bei Drehbewegungen nun mal auftreten, auch wenn sie nur, wie die Fliehkraft, als "pseudo" bezeichnet werden. Doch da Einstein in seiner SRT Rotationen ausdrücklich zuließ und sich damit in Teufels Küche bzw. in das Ehrenfestsche Paradoxon begab, musste er etwas tun. Und, wie schon öfter in diesem Buch gesagt, Einsteins Gedankengang war:

geradlinig-gleichförmige Bewegungen (ohne Kräfte) → "flache" Geometrie → SRT

beliebige Bewegungen (mit Beschleunigungen) → "krumme" Geometrie → ART

Einsteins Ansatz: Mit dem Gedankenexperiment des fallenden Schornsteinfegers, der der die Schwerkraft durch seinen beschleunigten Fall kompensiert (wenngleich mit hohen Kosten) gelangte er zu diesem Gedankengang:

ersetzt   beschrieben
durch   durch
↓   ↓

Kräfte → Beschleunigungen → krumme (Riemannsche) Geometrie

Das gelang allerdings nur mit der Gravitation in einem homogenen (gleichförmig-geradlinigem) Feld, nicht mit irregulären Schwerkraftverhältnissen, die zu Seltsamkeiten führten (schwarze Löcher, von Einstein abgelehnt), auch nicht mit Gezeitenkräften wie der Corioliskraft (falsche Formeln), schon gar nicht mit den anderen makroskopisch wirksamen Kräften (Elektrizität und Magnetismus), und erst recht nicht mit atomaren Kräften. Zwar bemühte sich Einstein sein Leben lang, den Elektromagnetismus in sein Formelwerk einzubinden, was ihm aber nicht gelang.

Konnten das andere? Es gibt zwei ernst zu nehmende Ansätze, die Schwerkraft physikalisch zu erklären.

(1) **Die Drucktheorie der Gravitation**, von Newton eine Zeit lang favorisiert. Die Idee geht auf RENÉ DESCARTES (1644) und Newtons einzigen Freund, NICOLAS FATIO DE DUILLIER (1690) zurück und wurde dann von GEORGES-LOUIS LE SAGE (1748) ausführlich behandelt.

Descartes, de Duillier, Le Sage

Sie ist bestechend einfach: Zwei Körper ziehen einander keineswegs an, sie werden vielmehr zueinander gedrückt, durch unsichtbare Teilchen, die regellos durchs All schwirren. Stehen zwei Körper einander nahe, gibt es zwischen ihnen eine Art "Teilchenschatten" (analog dem Lichtschatten), sodass im Innenraum weniger abstoßende Teilchen vorhanden sind. Ergebnis: Die Teilchen außerhalb des Schattens drücken die beiden Körper aufeinander zu. Die Gravitation wird nicht durch den Geist Gottes bewirkt, auch nicht durch Krümmung des leeren Raums, sondern durch den simplen Druck (= Impuls beim Aufprall) bisher noch unbekannter Teilchen. So einfach ist das. Kann es so einfach sein?

Als erstes müssen sich die Newtonschen Formeln ergeben, denn die stimmen immer noch. Das tun sie auch, jedenfalls, was das Gesetz der quadratischen Abnahme der Schwerkraft mit dem Abstand betrifft. Der mathematische Ausdruck für die Abhängigkeit von den Massen allerdings wird komplizierter. Immerhin hatte Le Sage gefolgert und vorausgesehen, dass die kompakten Körper unserer Welt zum Großteil aus leerem Raum bestehen müssen - lange vor Gedanken zum Aufbau der Atome.

Aber gegen die Theorie gab und gibt es viele Einwände, z.B.:

- Welche Teilchen durcheilen den Raum in so großer und gleichmäßiger Menge? Nach unserem derzeitigen Wissensstand kommen nur Neutrinos in Frage. Doch die sind nicht so zahlreich wie sie es nach der Theorie sein müssten.

- Durch die Absorption dieser Teilchen müssten sich die absorbierenden Körper ständig erwärmen, bis sie verdampfen, was offensichtlich nicht der Fall ist.

- Im Bereich der Elementarteilchen kann dieses Modell nichts mehr voraussagen.

(2) Gravitation = Restkraft der Elektrizität.

Warum ist die Gravitation um so vieles schwächer als Elektrizität und Magnetismus? Den Faktor 10^{-39} konnte niemand erklären. Er bedeutet in Worten: Die Schwerkraft ist nur ein Tausend-Trillion-Trillionstel der elektrischen Kraft, eine Zahl die sich sowieso niemand vorstellen kann.

Wiederum war es Newton, der 1702 als erster diesen Gedanken hegte. FABRIZION MOSSOTTI (1836) und KARL FRIEDRICH ZÖLLNER (1876) waren die nächsten. MICHAEL FARADAY hat wohl als erster 1850 diesen Gedanken durch Experimente zu untermauern versucht. Immerhin haben die drei Kräfte Gravitation, Elektrizität und Magnetismus einiges gemeinsam: Ihre Stärke ist proportional dem Produkt der Massen bzw. Ladungen, und umgekehrt proportional dem Quadrat ihres Abstands. Zudem wirken diese Kräfte in der Verbindungslinie der beiden Körper. Außerdem wurde der Magnetismus bereits erfolgreich auf die Elektrizität zurückgeführt. Warum nicht das Gleiche mit der Schwerkraft versuchen? HENRI POINCARÉ versuchte 1914 etwas Ähnliches mit der Trägheit, die er in elektromagnetischen Phänomenen vermutete.

Die einfachste Form einer Rückführung der Schwerkraft auf Coulomb-Kräfte liegt in der Annahme, die Anziehungskraft zweier ungleicher Ladungen sei geringfügig größer als ihre Abstoßungskraft. YOJI HAGIYA hat mit diesem Ansatz - F(anziehend) = 500 Milliardstel Prozent größer als F(abstoßend) - alle bekannten relevanten Parameter erhalten. Es geht aber auch ohne diese Annahme, doch dann wird die Sache kompliziert. Werden Atome von Nachbaratomen in geeigneter Weise beeinflusst, verlieren sie ihren neutralen Charakter, sie werden zu Dipolen (elektrisch geladenen "Stangen"). Auch auf diese Weise kann eine kleine Differenz zwischen Anziehung und Abstoßung konstruiert werden, mit ziemlichem und manchmal eher zweifelhaftem mathematischen Aufwand.

Bei all dem ist zu berücksichtigen, dass es eine statische Elektrizität gibt, eine solche bewegter Ladungen (Ionen, Elektronen), eine von Magnetismus überlagerte, usw. Mit anderen Worten: Das Geheimnis der Schwerkraft schlummert noch immer tief verbogen im Schoß der Natur!

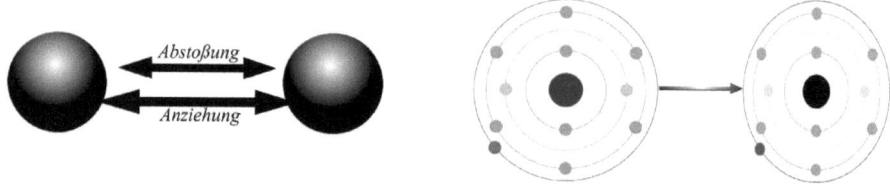

Rückführung der Gravitation auf Elektrizität. Links: Die Anziehungskraft ist einen Hauch stärker als die Abstoßungskraft elektrischer Ladungen. Rechts: In einem Atomgitter wird die Gestalt an sich symmetrischer Atome geringfügig verzerrt, sie werden zu Dipolen und damit leicht elektrisch.

Der Einfluss der fernen Massen

Selbst wenn wir das Geheimnis der Schwerkraft eines Tages entschlüsseln (oder schon entschlüsselt zu haben glauben) - es bleibt immer noch die noch geheimnisvollere **Trägheit**. Sie gehorcht nicht einmal dem dritten Newtonschen Axiom: Kraft = Gegenkraft, denn es gibt hier keine Gegenkraft. Wie also entsteht die (in der ART besonders wichtige) Trägheit?

Darüber hat sich der österreichische Physiker, Wissenschaftshistoriker und Philosoph ERNST MACH Gedanken gemacht (und mit diesen Gedanken Einstein stark beeinflusst). Für Mach entstand die Trägheit durch die Gesamtmasse des Universums, die auf jeden Körper wirkt - von Einstein **Machsches Prinzip** genannt. Aber wie soll man deren Einfluss mathematisch erfassen?

Das Karussell des Universums

Laufen wir dabei nicht Gefahr, uns mit unseren Spekulationen zu weit von der Wirklichkeit zu entfernen? Wir wissen doch, wie gut man mit der alten Theorie die astronomischen Beobachtungen deuten kann. Einstein & Infeld: Die Evolution der Physik (1938)

Einstein wollte das Machsche Programm realisieren - die Trägheit ist nur eine Folge der Schwerkraft aller Sterne im Universum - doch er scheiterte. Ist es also unmöglich? Mitnichten. Mindestens einem Mann ist es gelungen. Wir wollen hier Überlegungen und Konsequenzen einer solchen Theorie vorstellen, zumal überall gesagt wird: Geht nicht. Einstein hat's nicht erreicht, also ist das Ziel unerreichbar. Ist es doch.

Zur Erinnerung: Es geht um den Begriff der *Masse*. Die Wissenschaft unterscheidet seit NEWTON mindestens zwei Arten von Massen:

- Die *schwere Masse* ist für die Anziehungskraft zwischen zwei Körpern zuständig. Sie entspricht in gewissem Sinn der elektrischen Ladung - sie repräsentiert eine Art "gravitative" Ladung, die allerdings um 39 Zehnerpotenzen schwächer ist als ihr elektrisches Gegenstück. Die zugehörige Formel geht immer von *zwei* Massen aus:

$$\text{Anziehungskraft} = G \times \frac{m_1 \times m_2}{r^2} \qquad (m_1, m_2 = \text{schwere Massen } m_S)$$

- Die *träge Masse* ist der Widerstand, den *ein* Körper einer Änderung seines Bewegungszustands entgegensetzt. Ein zweiter Körper ist hier nicht nötig. Änderungen von Bewegungszuständen sind normalerweise Beschleunigungen (*b*), darum lautet die (ebenfalls von Newton aufgestellte) Formel dazu:

Trägheitswiderstand = m × b (m = träge Masse m$_T$)

Auch der Trägheitswiderstand wird als Kraft bezeichnet; eigentlich handelt es sich um eine Gegenkraft. Seine Ursache ist unbekannt; die Massenträgheit gehört zu den großen Rätseln der Natur. Schon Newton machte sich in seinem berühmten "Eimer-Experiment" Gedanken darüber, ob Trägheitskräfte - in diesem Fall die Fliehkraft - auch dann auftreten, wenn es im ganzen Universum keine anderen Massen gibt. Der österreichische Physiker und Philosoph ERNST MACH verneinte die Frage ebenso wie Newton, denn Mach meinte: Die Trägheit entsteht durch alle anderen Massen im Universum. Aber wie?

Das Eimer-Experiment von Newton

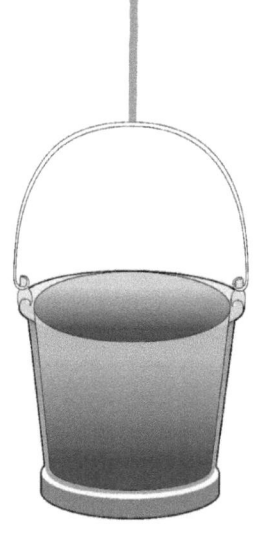
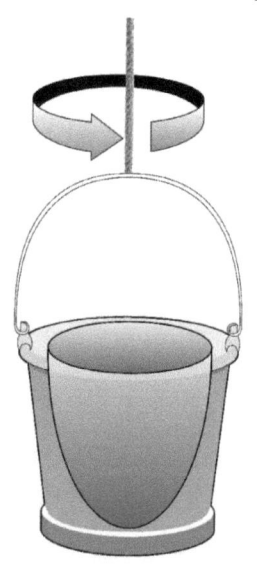

Newtons Eimer-Gedanken-Experiment: In einem Eimer in Ruhe (links) nimmt das Wasser die Form des Gefäßes an (hier: zylinderförmig).

Dreht sich der Eimer schnell (rechts), kriecht das Wasser durch die Fliehkraft parabelförmig die Innenwände hoch.
Würde das auch geschehen, wenn es außer dem Eimer keine weitere Masse im Universum gäbe? Wogegen aber dreht sich dann der Eimer?

Das Machsche Prinzip hat schon der Newtonschüler SAMUEL CLARKE in seinem Briefwechsel mit Leibniz vorweggenommen. In seinem fünften Brief an Leibniz schrieb er: *"Die Beweglichkeit eines Körpers hängt von der Existenz anderer Körper ab. Ein einzelner Körper könnte sich nicht bewegen. Die Teile eines rotierenden Körpers würden ihre Zentrifugalkraft verlieren, gäbe es keine anderen Körper im All."* Ähnlich Newtons Gegner GEORGE BERKELY. Im Werk "De Motu" (1721) schrieb er: *"Es kann nur relative Bewegungen geben."* Nur die Fixsterne ruhten bei ihm.

Für NEWTON war die träge Masse ein Maß für die Menge an Materie. Er definierte sie als Produkt aus Rauminhalt mal Dichte, während wir heute eher die Dichte über die Masse definieren. In der "relationalen Mechanik" von ANDRE K.T. ASSIS ist die Gleichsetzung "träge = schwere Masse" überflüssig. Sie ergibt sich aus Berechnungen. Die Ableitung der trägen Masse aus der schweren erhält man durch Einführung des **Gravitationspotentials** (zum ersten Mal LAGRANGE 1777 und LAPLACE 1782 in der Mechanik, POISSON 1811 in der Elektrodynamik). Im Potenzial, also in der (räumlich nicht lokalisierbaren) potenziellen Energie kann man alle Massen des Universums vereinen, ohne sie einzeln aufzählen zu müssen.

SCHRÖDINGER war offenbar der einzige, der ernsthaft versuchte, das Machsche Prinzip formelmäßig umzusetzen. Ausgehend von der Gleichung für die kinetische Energie, $mv^2/2$, modifizierte er 1925 das Newtonsche Potential. Er stellte fest: *"Der Ansatz für die potentielle Energie in der Punktmechanik und im besonderen derjenige für das Newtonsche Potential genügt nun dem Machschen Postulat ohne weiteres, da er nur von der Entfernung der beiden Massenpunkte, nicht von ihrer absoluten Lage im Raum abhängt."*

Assis hat in seinem Buch "Relational Mechanics" (Apeiron 1999) den Weg zur Realisierung des Machschen Prinzips aufgezeigt. Danach sind alle Trägheitskräfte wie Zentrifugalkraft oder Corioliskraft reale Kräfte zwischen dem Objekt und dem weit entfernten Universum. Ihr Ursprung liegt in der Schwerkraft, wenn es eine relative Rotation zwischen Objekt und Universum gibt. Das sieht dann so aus:

Wie die Trägheit in die Welt kommt:
das Machsche Prinzip realisiert

Will man die unendlich fernen Massen des Weltalls zusammenfassen, kann man nicht von den Einzelkräften der Himmelskörper ausgehen, denn ihre Summe ergäbe unendlich, die Richtung ihrer gemeinsamen Kraft wäre unbestimmt. Doch die Physiker haben ein effizientes mathematisches Hilfsmittel entwickelt: das **Potential**, als Verallgemeinerung der potentiellen Energie.

Das Potential ist eine Funktion von Raum und Zeit, aber kein Vektor, es hat also keine Richtung. Es dient zur rein mathematischen Ableitung der Kräfte nach Größe und Richtung durch die "Gradientenbildung", also durch die richtungsabhängige Differentiation. Um aber zu der für ein System korrekten Potentialfunktion zu kommen, muss von den im System wirkenden Kräften ausgegangen werden. So scheint das Potential überflüssig - ist es aber nicht. Denn es birgt einige Vorteile.

Das Schema sieht so aus:

	Intuition		*Gradientenbildung*	
Kräfte	$\rightarrow$	Potentialfunktion	$\rightarrow$	Kräfte

Die Newtonschen Gravitationskräfte reichen aber nicht aus, um ein Potential zu finden, aus dem die Kräfte der unendlich fernen Himmelskörper und damit die Trägheit abgeleitet werden können. Assis verwendete die Kräfte der Elektrodynamik, wie sie von WILHELM WEBER 1848 aufgestellt wurden. Sie hängen auch von der gegenseitigen Geschwindigkeit und Beschleunigung ab. Zum Vergleich:

Kategorie	*Newton*	*Weber*
Kraft	$K = m_1 m_2 \cdot G/r^2$	$K = \dfrac{q_1 q_2}{4\pi\varepsilon\, r^2}\left(1 - \dfrac{\dot{r}^2}{2c^2} + \dfrac{r\ddot{r}}{c^2}\right)$
Potential	$\sim 1/r$	$\sim \dfrac{1}{r}\left(1 - \dfrac{\dot{r}^2}{2c^2}\right)$

Hier kommen nur wirklich *relative* Größen vor: **r** ist der Abstand zweier Körper, ohne Bezug auf irgendein Koordinatensystem; ṙ ("r Punkt") ist die *relative* Geschwindigkeit der beiden Körper, r̈ ("r-2 Punkt") die *relative* Beschleunigung gegeneinander. So entstand das, was Leibniz und Mach wollten: eine wirklich relativistische Physik, aus der sich Machs Prinzip automatisch ergibt - mit korrekten Rechenresultaten. Newton hatte Recht mit seinen Zweifeln, ob sich Wasser im rotierenden Eimer wirklich parabelförmig wölbt, wenn das Weltall absolut leer ist. Oder umgekehrt: Das Wasser stiege tatsächlich die Wände hoch, würde sich das Weltall um den Eimer drehen.

Mathematische Grundlagen

In der Mathematik verstehst du nichts, du gewöhnst dich nur daran. John von Neumann (Mathematiker)

... ein solches Hexeneinmaleins ... höchst geistreich und durch grosse Kompliziertheit gegen den Beweis der Unrichtigkeit hinreichend geschützt. Einstein über die Heisenbergsche Matrizenmechanik, Brief an Michele Besso 25.23.1925

Wer die Mathematik der Speziellen Relativitätstheorie (SRT) verstehen will, muss die Bedeutung dieses Zeichens kennen: $\sqrt{}$ (das Wurzelzeichen), mehr nicht. Wer die Mathematik der Allgemeinen Relativitätstheorie (ART) verstehen will, muss erst mal jahrelang Tensorrechnung studieren und kann auch nachher nicht sicher sein, alles zu beherrschen und nichts zu übersehen. Oft genug haben auch die Meister der Technik, darunter Einstein, wichtige Wahrheiten übersehen und ihre Rechnungen damit zugrunde gerichtet (oder einfach so stehen lassen, ohne Rücksicht auf die physikalischen Folgen). Einstein hat die Vorzüge einer überaus komplizierten Mathematik auch erkannt und in seiner typisch sarkastischen Art seinem Freund mitgeteilt (siehe Zitat). Dass damit andere gemeint waren - wer kennt nicht das biblische Sprichwort vom Splitter und dem Balken in den Augen.

Zwar beklagte sich Einstein zu Beginn seiner Karriere über die Mathematisierung seiner Theorie (die SRT) durch den ehrgeizigen

Mathematiker Hermann Minkowski ("Seit die Mathematiker sich meiner Theorie angenommen haben, verstehe ich sie selbst nicht mehr."). Doch das hinderte ihn nicht daran, dieses Konzept - alles ist Mathematik - in seiner ART mit Erfolg zu übernehmen Seitdem presst jeder theoretische Physiker, der etwas auf sich hält, die Welt in eine Formel, und wird darob bewundert und mit einer Professorendauerstellung, später mit dem Nobelpreis, geehrt.

Diese Tendenz, Formeln in den Vordergrund zu stellen und die Wirklichkeit zu ignorieren, wurde schon von dem österreichischen Ingenieur und Schriftsteller ROBERT MUSIL beklagt. Musil wurde zwar bekannt durch seinen Roman "Der Mann ohne Eigenschaften", hat aber seine Dissertation über Ernst Mach geschrieben, dessen Philosophie Einstein wesentlich beeinflusste und der in diesem Buch oft erwähnt wird. Musil schätzte und verehrte zwar die Mathematik, genauso wie sein (autobiographischer) Held Ulrich, indem er leicht boshaft bemerkte:

Ulrich [liebte] die Mathematik, wegen der Menschen, die sie nicht ausstehen mochten.

Und für die Gefühlsromantiker seiner Zeit hegte er nur Verachtung:

So hat es auch schon damals, als Ulrich Mathematiker wurde, Leute gegeben, die den Zusammenbruch der europäischen Kultur voraussagten, weil kein Glaube, keine Liebe, keine Einfalt, keine Güte mehr im Menschen wohne, und bezeichnenderweise sind sie alle in ihrer Jugend- und Schulzeit schlechte Mathematiker gewesen.

Indes:

Die heutige Forschung [ist] nicht nur Wissenschaft, sondern ein Zauber, eine Zeremonie von höchster Herzens- und Hirnkraft, vor der Gott eine Falte seines Mantels nach der anderen öffnet, eine Religion, deren Dogmatik von der harten, mutigen, beweglichen, messerkühlen und -scharfen Denklehre der Mathematik durchdrungen und getragen wird. Denn: Es ist den meisten Menschen heute ohnehin klar, daß die Mathematik wie ein Dämon in alle Anwendungen unseres Lebens gefahren ist.

Und den Siegeszug der Relativitätstheorien hat er auf diese Weise genial beschrieben:

In der Wissenschaft kommt es alle paar Jahre vor, daß etwas, das bis dahin als Fehler galt, plötzlich alle Anschauungen umkehrt oder daß ein unscheinbarer und verachteter Gedanke zum Herrscher über ein neues Gedankenreich wird.

Damit die geneigte Lese-Person (gender-korrekt ausgedrückt) die Behauptungen dieses Buchs ein wenig nachvollziehen kann, möchte ich auf eine Kleinigkeit hinweisen, die immer wieder auftaucht. Dazu beginnen wir mit **Vektoren.**

Ein Vektor ist so etwas wie ein Pfeil mit einer bestimmten Richtung und einer bestimmten Länge, während seine sonstige Lage im Raum belanglos bleibt. Vektoren repräsentieren beispielsweise Geschwindigkeiten, wo sie **Richtung und Größe** andeuten; oder Kräfte, wo sie Richtung und **Stärke** anzeigen. Der Pfeil zeigt also immer in Richtung der Bewegung oder der Kraft. Und solche Bewegungen können mit dem bekannten Kräfte-Parallelogramm addiert (und auch anderwertig kombiniert) werden.

Nun gibt es aber Bewegungen, die durch einen einfachen Pfeil nicht so ohne weiteres symbolisiert werden können. Gemeint sind *Drehbewegungen* (Rotationen) mit den zugehörigen Kräften (Drehmomente, Zentrifugalkräfte). Auch ihnen kann man einen Vektor zuordnen, der ihre Wirkungsweise eindeutig beschreibt: Man repräsentiert die **Achse** der Drehbewegungen durch einen Pfeil mit seiner Lage als Lage der Drehachse und seiner Länge als Geschwindigkeit der Umdrehung oder als Stärke der Kraft. Es ist klar: Dieser Pfeil geht keineswegs in Richtung der Kraft. Bei einer Drehbewegung greift die Kraft senkrecht zum Pfeil an, und das ständig verändert.

Die beiden Arten von Vektoren sind grundverschieden und können nicht miteinander auf einfache Weise (oder überhaupt) kombiniert werden. Die Mathematiker haben aber kein neues Symbol eingeführt, nicht einmal einen neuen Namen. Normale Vektoren heißen "Vektoren", Drehvektoren dann "Pseudo-Vektoren", obwohl sie keineswegs "pseudo" sind. Kluge Lehrbücher verwenden die Ausdrücke *polarer Vektor* für geradlinige Bewegungen und *axialer Vektor* für Drehungen. Aber oft wird dieser Unterschied gar nicht erwähnt.

Jedenfalls steht fest: Man darf sie auf keinen Fall *addieren.* Wie sollen sich denn auch Kräfte oder Geschwindigkeiten einer *Translation* (geradlinige Fortbewegung) und einer *Rotation* (Drehung) überlagern?

Links ein normaler ("polarer") Vektor, rechts ein Pseudo-Vektor ("axialer Vektor"). Eine Kraft wirkt bei einem echten Vektor in Richtung des Pfeils, bei einem Pseudo-Vektor dagegen senkrecht dazu und auch dauernd verändert.

Kommen wir zu den **Tensoren**. Sie sind, grob gesagt, eine Erweiterung der Vektoren. Und auch bei ihnen gibt es "echte" und "pseudo". Auf keinen Fall darf man echte Tensoren zu Pseudo-Tensoren *addieren*. Ob der vorliegende Tensor (meist aus Vektoren abgeleitet) nun echt oder pseudo ist, sieht man ihm nicht an. Weder das Symbol noch seine Form verraten seinen Charakter, erst eine genauere Untersuchung seiner Transformationseigenschaften ergibt Klarheit, aber auch das nicht immer und auch nicht sofort. So kommt es vor, dass auch Kenner der Materie - z.B. Albert Einstein - einen Tensor für echt halten, obwohl der pseudo ist und in der Gleichung nichts zu suchen hat. Mit fatalen Folgen.

Das gilt sogar für die Grundgleichung der ART, in der auf der linken Seite ein Tensor steht, auf der rechten Seite ein Pseudo-Tensor. Die Folge, erst mal technisch, aus dem Lehrbuch von John Archibald Wheeler & Ignazio Ciufolini ("Gravitation and Inertia"):

"Selbst wenn die Krümmung der Raumzeit ungleich null ist, kann dieser Pseudotensor ($T^{\mu\nu}$) gleich null gesetzt werden. Und umgekehrt: Selbst in einer flachen Raumzeit kann dieser Pseudotensor durch eine einfache Koordinatentransformation ungleich null gesetzt werden. Nicht einmal ein Wechsel des Bezugsrahmens ist dafür nötig, nur ein Wechsel der Raumkoordinaten, z.B. von kartesisch zu polar."

Auf deutsch: Da der T-Tensor für Materie + Energie verantwortlich ist, heißt dies: Allein durch den Wechsel des Betrachters, mehr noch: Allein durch den Wechsel der Beschreibungs*form* (von Schreibschrift zu Computerschrift) kann Materie + Energie aus dem Nichts geschöpft oder vernichtet werden.

Das ist der Gipfel an Magie, das ist mehr, als der biblische Gott einst schaffte. Denn der fand schon eine Welt des Chaos vor ("Tohuwabohu" = wüst und leer), wo er dann Ordnung schaffte, indem er das Licht von der Finsternis trennte. Einstein konnte mehr.

Die Grundformel der ART

Höchste Aufgabe des Physikers ist das Aufsuchen jener
allgemeinsten elementaren Gesetze, aus denen durch
reine Deduktion das Weltbild zu gewinnen ist.
Albert Einstein (1918)

Einstein ist in der Öffentlichkeit berühmt für seine Formel E=mc². Doch auch die ART wird von einer einzigen Formel beherrscht. Die ist aber nicht so eingängig, nicht wirklich verständlich, auch nicht leicht zu übersetzen in die Alltagssprache, schon gar nicht leicht in eine Beziehung zur Wirklichkeit zu bringen. Sie sieht so aus:

$$R^{\mu\nu} - 1/2g^{\mu\nu}R = -\kappa T^{\mu\nu}$$

Links stehen zwei Tensoren, rechts ein Pseudotensor. Wie wir schon erwähnten: Die Gleichsetzung ist unzulässig, aber erst ein paar Worte zur Geschichte und eine Erklärung der Symbole.

Einsteins Ziel war es seit Aufstellung der speziellen Relativitätstheorie (1905), eine allgemeine Theorie der Welt zu finden, in der die Wirklichkeit mit Hilfe der Krümmung des Raums beschrieben werden sollte, also als Formel:

Mathematik = Physik, oder etwas konkreter:

Raumkrümmung = Materie + Energie

Wie kam er zu dieser Gleichsetzung? Wiederum durch reine Logik. Minkowski hatte ihm gezeigt, dass Raum und Zeit zu einer Einheit verbunden werden können, was viele Berechnungen ebenso elegant wie undurchsichtig macht. Doch die so entstandene Geometrie des vierdimensionalen Raums war "nicht-euklidisch", sie gehorchte nicht mehr den Gesetzen der gewöhnlichen Geometrie, wie wir sie aus der Schule kennen. Allerdings blieb die Welt "flach", also nicht gekrümmt, nur die Abstände zwischen zwei Punkten im 4-d-Getriebe folgten etwas eigenartigen Gesetzen.

Bei einer Erweiterung seiner Theorie wollte Einstein auch Kräfte mit einbeziehen. Vor allem die alles durchdringende, allgegenwärtige Schwerkraft (Gravitation), die Grundlage unserer Mechanik, sollte sich zwanglos aus den aufzustellenden Formeln ergeben. Und so dachte Einstein, wenn schon der Raum der Speziellen Relativitätstheorie (SRT) von unseren gewohnten Vorstellungen abweicht, müsste dies in einer erweiterten Theorie (ART) erst recht der Fall sein. Und dazu wäre die Erweiterung des Raumkonzepts auf einen gekrümmten Raum, von den Mathematikern bereits bestens ausgearbeitet, am ehesten geeignet.

Das Konzept war ja nicht neu. Schon in den 1870er Jahren hatte es WILLIAM KINGDON CLIFFORD, der Übersetzer der Riemannschen Werke, als Ziel vorgeschlagen. Materie und Bewegungen waren bei ihm Manifestationen unterschiedlicher Raumkrümmungen. Das Raumkonzept erlangte schon damals totale Macht über andere Begriffe der theoretischen Physik. Zwar konnte POINCARÉ zeigen, dass man durch Experimente niemals herausfinden wird, welche Geometrie den realen Raum beherrscht. Sollte ein "nichteuklidisches" Dreieck (mit einer Winkelsumme ungleich 180°) gefunden werden, könnten wir auch annehmen, der Raum wäre euklidisch, Lichtstrahlen aber gekrümmt. Solche Erkenntnisse hielten die Verfechter einer rein geometrischen Beschreibung der Natur nicht von ihren Bemühungen ab.

Die Raumkrümmung kann man mit dem Krümmungstensor gut beschrieben, aber wem sollte sie gleichgesetzt werden? Offenbar der Realität. Und was ist real? Zunächst einmal nur Materie, und die damit verbundene Energie, die sich aus Einsteins Formel $E=mc^2$ ergibt. Kräfte und Bewegungen sollten sich aus diesen beiden Gegebenheiten - Materie-Energie und Raumzeitkrümmung - automatisch ergeben. Später sollten dann noch andere Energieformen - diejenigen der elektromagnetischen Erscheinungen - hinzukommen. So kam Einstein, strenger Logik folgend, zu seiner Proportionalität, die mathematisch einwandfrei zu fassen ihn und seinem Mitstreiter MARCEL GROßMANN zehn Jahre und die Aneignung eines von Hilbert gefundenen Formelglieds kosteten. Immerhin, er hat es geschafft. Dass die Logik, wie so häufig, mit der Wirklichkeit Purzelbäume schlägt, ist eine andere Sache. Das anzuerkennen fällt auch heute noch schwer, jedenfalls den Theoretikern. Denn die reine Theorie ist zu schön, um sich vor der Wirklichkeit verstecken zu müssen.

Anfang des 20. Jahrhunderts stellte HEINRICH HERTZ, Entdecker der elektromagnetischen Wellen, die

$$ds^2 = \sum g_i g_k \dot{q}_i \dot{q}_k \, dt^2$$

erste Formel in diesem Zusammenhang auf, eine Bewegungsgleichung entlang von "Geodätischen", das sind kürzeste Verbindungslinien in gekrümmten Räumen. Dann kam Einstein. Er hatte sich die mathematische Disziplin angeeignet, die zur Beschreibung gekrümmter Räume diente, die Tensorrechnung, damals auch "Ricci-Kalkül" genannt.

Nun ist $R^{\mu\nu}$ der *Ricci-Tensor*, der aus dem Krümmungstensor abgeleitet wurde. Er sagt also etwas aus über die Krümmung der Raumzeit. $g^{\mu\nu}$ ist der *metrische Tensor*, er sagt etwas aus über das verwendete Koordinatensystem, also über den Beobachter; er ist eine Art Umrechnungsfaktor beim Übergang zu einem anderen Koordinatensystem. R ist die Gesamtkrümmung des Raums. Wie Einstein zu seinen Formeln kam, siehe das Kapitel "Von wem stammt die ART?". Wir wollen nur darauf hinweisen, dass auch diese Formel zu den schönsten Formeln der Physik gezählt wird. Ja, auch Physiker haben Sinn für Ästhetik!

Doch die Formel zeigt auch, wie kompakt manche Symbole sein können. Ich habe mir mal die Mühe gemacht, die einzelnen Bestandteile der Gleichung auf ihre - immer noch reichlich komplexen - Grundlagen zurück zu führen. Was da herauskam, ist nicht mehr in eine einzelne Formel zu verdichten, aber der kundige, interessierte oder geduldige Leser kann es selbst probieren. Dabei bedeutet a → b: Das Symbol "a" ist durch die Zeichenkette "b" zu ersetzen. Oder anders gesagt: "a" wird durch "b" definiert.

Raum-Zeit ∼ Masse-Energie

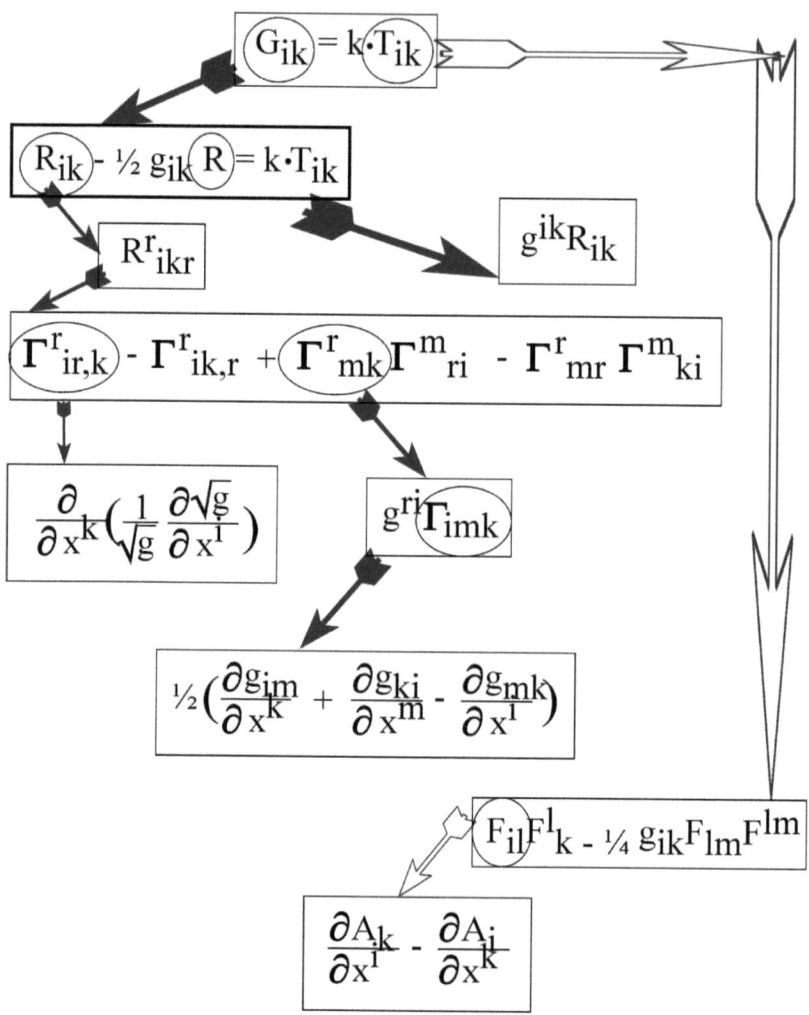

$$G_{ik} = k \cdot T_{ik}$$

$$R_{ik} - \tfrac{1}{2} g_{ik} R = k \cdot T_{ik}$$

$$g^{ik} R_{ik}$$

$$R^r_{ikr}$$

$$\Gamma^r_{ir,k} - \Gamma^r_{ik,r} + \Gamma^r_{mk} \Gamma^m_{ri} - \Gamma^r_{mr} \Gamma^m_{ki}$$

$$\frac{\partial}{\partial x^k}\left(\frac{1}{\sqrt{g}} \frac{\partial \sqrt{g}}{\partial x^l}\right)$$

$$g^{ri} \Gamma_{imk}$$

$$\tfrac{1}{2}\left(\frac{\partial g_{im}}{\partial x^k} + \frac{\partial g_{ki}}{\partial x^m} - \frac{\partial g_{mk}}{\partial x^l}\right)$$

$$F_{il} F^l_k - \tfrac{1}{4} g_{ik} F_{lm} F^{lm}$$

$$\frac{\partial A_k}{\partial x^l} - \frac{\partial A_i}{\partial x^k}$$

Einsteins Formel, in seine Bestandteile aufgelöst. Sie beginnt mit einer Proportionalität (∼) zwischen der Raumzeit und der Massenenergie, d.h., die Geometrie G wird einem Tensor gleichgesetzt, der die Masse + Energie des Universums enthält. Anschließend wird's hochmathematisch - nur für Spezialisten!

Und weil's so schön ist, zeigen wir nun explizit die **Komponenten** des Masse-Energie-Tensors. Schön? Vielleicht, aber auf jeden Fall: schön kompliziert!

$$t^{ab} = 1/16\pi[(g^{ai}g^{bj} - g^{ab}g^{ij})(g^{sk}(\partial g_{jk}/\partial x^i + \partial g_{ik}/\partial x^j - \partial g_{ij}/\partial x^k)(g^{rk}(\partial g_{rk}/\partial x^s + \partial g_{sk}/\partial x^r - \partial g_{sr}/\partial x^k)) - (\tfrac{1}{2}g^{sk}(\partial g_{rk}/\partial x^i + \partial g_{ik}/\partial x^r - \partial g_{ir}/\partial x^k))(\tfrac{1}{2}g^{rk}(\partial g_{sk}/\partial x^j + \partial g_{jk}/\partial x^s - \partial g_{is}/\partial x^k)) -$$

$$(\tfrac{1}{2}g^{sk}(\partial g_{sk}/\partial x^i + \partial g_{ik}/\partial x^s - \partial g_{is}/\partial x^k))(\tfrac{1}{2}g^{rk}(\partial g_{rk}/\partial x^j + \partial g_{jk}/\partial x^r - \partial g_{jr}/\partial x^k)) + g^{ai}g^{js}(\tfrac{1}{2}g^{bk}(\partial g_{rk}/\partial x^i + \partial g_{ik}/\partial x^r - \partial g_{ir}/\partial x^k))(\tfrac{1}{2}g^{sk}(\partial g_{sk}/\partial x^j + \partial g_{jk}/\partial x^s - \partial g_{js}/\partial x^k)) + (\tfrac{1}{2}g^{bk}(\partial g_{sk}/\partial x^j + \partial g_{ik}/\partial x^s - \partial g_{js}/\partial x^k))(\tfrac{1}{2}g^{rk}(\partial g_{rk}/\partial x^i + \partial g_{ik}/\partial x^r - \partial g_{ir}/\partial x^k)) -$$

$$(\tfrac{1}{2}g^{bk}(\partial g_{rk}/\partial x^s + \partial g_{sk}/\partial x^r - \partial g_{sr}/\partial x^k))(\tfrac{1}{2}g^{rk}(\partial g_{jk}/\partial x^i + \partial g_{ik}/\partial x^j - \partial g_{ij}/\partial x^k)) - (\tfrac{1}{2}g^{bk}(\partial g_{jk}/\partial x^i + \partial g_{ik}/\partial x^j - \partial g_{ij}/\partial x^k))(\tfrac{1}{2}g^{rk}(\partial g_{rk}/\partial x^s + \partial g_{sk}/\partial x^r - \partial g_{sr}/\partial x^k)) + g^{bi}g^{js}(\tfrac{1}{2}g^{ak}(\partial g_{rk}/\partial x^i + \partial g_{ik}/\partial x^r - \partial g_{ir}/\partial x^k))(\tfrac{1}{2}g^{rk}(\partial g_{sk}/\partial x^j + \partial g_{jk}/\partial x^s - \partial g_{js}/\partial x^k)) + (\tfrac{1}{2}g^{ak}(\partial g_{sk}/\partial x^j + \partial g_{jk}/\partial x^s - \partial g_{js}/\partial x^k))(\tfrac{1}{2}g^{rk}(\partial g_{rk}/\partial x^i + \partial g_{ik}/\partial x^r - \partial g_{ir}/\partial x^k)) -$$

$$(\tfrac{1}{2}g^{ak}(\partial g_{rk}/\partial x^s + \partial g_{sk}/\partial x^r - \partial g_{sr}/\partial x^k))(\tfrac{1}{2}g^{ak}(\partial g_{jk}/\partial x^i + \partial g_{ik}/\partial x^j - \partial g_{ij}/\partial x^k)) - (\tfrac{1}{2}g^{ak}(\partial g_{jk}/\partial x^i + \partial g_{ik}/\partial x^j - \partial g_{ij}/\partial x^k))(\tfrac{1}{2}g^{rk}(\partial g_{rk}/\partial x^s + \partial g_{sk}/\partial x^r - \partial g_{sr}/\partial x^k)) + g^{ij}g^{sr}(\tfrac{1}{2}g^{ak}(\partial g_{sk}/\partial x^i + \partial g_{ik}/\partial x^s - \partial g_{is}/\partial x^k))(\tfrac{1}{2}g^{bk}(\partial g_{rk}/\partial x^j + \partial g_{jk}/\partial x^r - \partial g_{jr}/\partial x^k)) - (\tfrac{1}{2}g^{ak}(\partial g_{jk}/\partial x^i + \partial g_{ik}/\partial x^j - \partial g_{ij}/\partial x^k))(\tfrac{1}{2}g^{bk}(\partial g_{rk}/\partial x^s + \partial g_{sk}/\partial x^r - \partial g_{sr}/\partial x^k))]$$

Kovarianz

Eine Eigenschaft von Gleichungen war Einstein besonders wichtig; ja, manche Autoren (inklusive Einstein) behaupten sogar, sie wäre die treibende Kraft zur Aufstellung der Gravitationsgleichungen der ART gewesen: *Kovarianz*. Bloß, was ist das?

Bei diesem Wort denke ich als erstes an Tensoren, von denen es zwei verschiedene Darstellungen im gleichen Koordinatensystem gibt: *kovariant* und *kontravariant*. Tensoren sind durch ihre Transformationseigenschaften definiert, und kovariante Tensoren transformieren sich so wie ihre Basisvektoren, kontravariante Tensoren nicht. Daher das "ko". Die kontravarianten Koordinaten werden durch hochgestellte Indices gekennzeichnet (x^i), die kovarianten durch tiefgestellte Indices (x_i). Die Sache wird noch komplizierter dadurch, dass die jeweiligen Basisvektoren die gegenteiligen Eigenschaften besitzen: kontravariante Koordinaten ergeben sich mit kovarianten Basisvektoren, kovariante Koordinaten mit kontravarianten Basisvektoren. Jedes Fachbuch über die ART erklärt diese Dinge so, dass sie garantiert keiner versteht.

Entscheidend ist: Dem Laien scheint die ART ausschließlich darin zu bestehen, zwischen den Darstellungsformen zu wechseln, was in der Fachsprache "hochziehen " bzw. "tiefziehen" der Indices heißt. oder auch, etwas spöttisch "Indexgymnastik". Und wozu? Nur, um dem demokratischen Prinzip, jeder Beobachter ist gleichberechtigt, statt zu geben? Mit dieser rein mathematischen Manipulation der Indices wird alles noch viel komplizierter und unanschaulicher. ja undurchschaubarer, und mit Recht hat jemand mal die beiden Relativitätstheorien als *Theorien von Beobachtern* bezeichnet, wo die Natur dann zu kurz kommt, da selbige sich nicht darum kümmert, wer ihr von wo oder wie zuschaut.

Zurück zur "Kovarianz". Was sagt denn der Meister dazu? Etwa dies:

Die Gesetze der Physik müssen so beschaffen sein, dass sie in Bezug auf beliebig bewegte Bezugssysteme gelten. (Hervorhebung im Original) *Wir gelangen also auf diesem Wege zu einer Erweiterung des Relativitätspostulats.* ("Die Grundlage der allgemeinen Relativitätstheorie". Annalen der Physik 49, 769-822 (1916), S.772)

oder:

Wird also ein Naturgesetz durch das Nullsetzen aller Komponenten eines Tensors formuliert, so ist es allgemein kovariant; indem wir die Bildungsgesetze der Tensoren untersuchen, erlangen wir die Mittel zur Aufstellung allgemein kovarianter Gesetze. (Ebenda, S. 780).

Das hilft wenig; wir wollen ja nicht gleich zum Spezialfall (alle Komponenten verschwinden) übergehen. Was Einstein meint: Bei einer der von ihm geforderten Koordinatentransformationen (Ruhe $\rightarrow$ beliebige, auch beschleunigte Bewegung) sollen die Naturgesetze ihre Form behalten. Allerdings stellt Einstein auch fest:

Dass diese Forderung der allgemeinen Kovarianz, welche dem Raum und der Zeit den letzten Rest physikalischer Gegenständlichkeit nehmen, eine natürliche Forderung ist ...

Also: Durch die *mathematische Forderung* verlieren wir jegliche *physikalische Orientierung*. Dazu kommt: Die Forderung nach Kovarianz ist keineswegs typisch für die ART. Schon Erich Kretschmann stellte 1917 fest:

Die allgemeine Kovarianz (die Unveränderlichkeit der physikalischen Gleichungen bei allen erdenklichen Koordinatentransformationen) ist physikalisch leer, denn jede Theorie kann bei entsprechendem mathematischem Aufwand "allgemein kovariant" geschrieben werden. ("Über den physikalischen Sinn der Relativitätspostulate. A. Einsteins neue und seine ursprüngliche Relativitätstheorie." Annalen der Physik 53: 575–614, 1917)

Einstein setzt "Kovarianz" manchmal mit "allgemeiner Relativität" gleich (in Bezug auf verschiedene Koordinatensysteme), was von V. A. Fock ("Homogenität, Kovarianz und Relativität". Cechoslovackij fiziceskij zurnal volume 7, pp 255–261, 1957) abgelehnt wird:

Versteht man unter „Relativität" Homogenität des Raumes, so ist in der sog. allgemeinen Relativitätstheorie überhaupt keine Relativität vorhanden. Versteht man dagegen unter „Relativität" Kovarianz der Gleichungen, so steckt in jener Theorie nicht mehr Relativität, wie z. B. in den unrelativistischen Bewegungsgleichungen, welche ebensogut eine allgemein-kovariante Formulierung gestatten (Lagrangesche Gleichungen 2-ter Art). Die Bezeichnung „allgemeine Relativitätstheorie" ist daher irreführend.

Ich denke, Einstein wollte für seine Gleichungen das erreichen, was Oliver Heaviside mit den **Maxwell-Gleichungen** so gut gelang. Die werden heute als Musterbeispiel von Einfachheit, Klarheit, Symmetrie und Schönheit gepriesen. Aber das waren sie in ihrer ursprünglichen Version keineswegs. Von Maxwell wurden sie für kartesische (rechtwinkelige) Koordinaten formuliert. Erst Heaviside machte sie koordinatenunabhängig. Das sieht beispielsweise so aus:

Maxwell: $\mu\alpha = dH/dy - dG/dz$, $\mu\beta = dF/dz - dH/dx$, $\mu\gamma = dG/dx - dF/dy$

Heaviside: **$\mu H = \text{rot } A$**

oder:

Maxwell: $P = \mu(\gamma dy/dt - \beta dz/dt) - dF/dt - d\Psi/dx$, $Q = \mu(\alpha dz/dt - \gamma dx/dt) - dG/dt - d\Psi/dy$, $R = \mu(\beta dx/dt - \alpha dy/dt) - dH/dt - d\Psi/dz$

Heaviside: $\mathbf{E} = \mu\mathbf{v}\times\mathbf{H} - \partial\mathbf{A}/\partial t - \mathbf{grad}\,\varphi$

Eine solche elegante, koordinatenunabhängige Schreibweise ist für Tensoren entweder unmöglich oder bisher nicht gefunden. Sie werden immer noch in Koordinatenschreibweise definiert, und das kann, wie wir später sehen werden, zu ganz schön komplexen Komponenten führen. Schade; mit der angestrebten Kovarianz ist wohl nichts. Warum auch: Die Natur ist zu vielseitig, um Forderungen nach Eleganz und Einfachheit nachzukommen.

Die Prinzipien der ART

Äquivalenzprinzip: Schwere Masse (sie führt zur gegenseitigen Anziehung und damit zum Gewicht) und träge Masse (sie führt zum Widerstand gegen Beschleunigungen) sind immer gleich, also kann man Kräfte und Beschleunigungen nicht unterscheiden. So kam Einstein dazu, den Raum (und seine Krümmung) für Kräfte verantwortlich zu machen.

Kovarianzprinzip: Alle physikalischen Gesetze, insbesondere die der Gravitation und des Elektromagnetismus, sollen in allen Koordinatensystemen gelten. Die Welt ist objektiv, also unabhängig von unserer Betrachtungsweise. So kam Einstein dazu, die Raumkrümmung als wesentlich anzusehen.

Feldkonzept: Die Schwerkraft ist keine Fernkraft (wie bei Newton), sondern wird, ähnlich Elektrizität und Magnetismus, durch Felder übertragen. So kam Einstein zu seinen Feldgleichungen, im Prinzip zu seiner Weltformel. Zitat:

Was unseren Sinnen als Materie erscheint, ist in Wirklichkeit nur eine Zusammenballung von Energie auf verhältnismäßig engem Raum. In einer solchen neuen Physik wäre das Feld als das einzig reale anzusehen. Einstein-Infeld: Die Evolution der Physik (1938)

Extremalprinzip: Körper und Lichtstrahlen bewegen sich durch das Spiel der Gravitation auf kürzesten Bahnen, sogenannten Geodätischen. Dieses Prinzip ergibt sich allerdings aus Einsteins Formeln, wie er zwanzig Jahre später zeigen konnte.

Prinzip der Ästhetik: Eine Theorie muss, vom mathematischen Standpunkt aus, etwas Schönes, Einfaches, Klares und Harmonisches an sich haben. Dazu der Quantenphysiker P.A.M. Dirac: *Eine Theorie von mathematischer Schönheit ist mit größerer Wahrscheinlichkeit korrekt als eine hässliche, die einigen experimentellen Daten genügt.* Wer braucht da schon die Wirklichkeit!

Unterschiede ART - SRT

Wenn ich mich selbst und meine Denkmethoden erforsche, komme ich der Folgerung nahe, dass die Gabe der Fantasie mir mehr bedeutet als mein Talent, absolutes Wissen zu absorbieren. Albert Einstein

Die Bezeichnung legt nahe, dass die *allgemeine* Relativitätstheorie (ART) eine Erweiterung der *speziellen* Relativitätstheorie (SRT) darstellt. Nichts liegt der Wahrheit ferner. Nicht nur, dass die beiden Theorien nichts miteinander zu tun haben, sie widersprechen einander sogar in entscheidenden Aussagen. Hier die wichtigsten Gegensätze:

- Die SRT behandelt nur **gleichförmige Bewegungen ohne Kräfte**. Die ART behandelt nur **ungleichförmige Bewegungen mit Kräften**.

- In der SRT hat **jeder Beobachter** seinen **eigenen Raum** und seine **eigene Zeit**. In der ART sind **Raum und Zeit für alle Beobachter gleich**.

- In der SRT müssen **Uhren einzeln synchronisiert** werden. In der ART sind **alle Uhren** von Anfang an überall und **immer synchronisiert**.

- In der SRT **verändern sich Raum und Zeit**, abhängig von der Geschwindigkeit. In der ART **verändern sich Raum und Zeit, abhängig von der Raumkrümmung**.

- Die SRT hat den **Äther** ausdrücklich **abgeschafft**. Die ART hat den **Äther** ausdrücklich wieder **eingeführt**.

- In der SRT ist die **Lichtgeschwindigkeit konstant**. In der ART ist die **Lichtgeschwindigkeit variabel**, nämlich abhängig von der Schwerkraft.

- In der SRT gibt es ganz eigene Widersprüche, z.B. Das Ehrenfestsche Paradoxon oder das **Zwillings-Paradoxon**. In der ART gibt es völlig andere Widersprüche, z.B. die **Nicht-Erhaltung des Energie-Satzes**.

- In der SRT gibt es **keine Schwerkraft**. In der ART dreht sich **alles um die Schwerkraft**, die durch den Raum und seine Krümmung bestimmt wird.

- In der SRT ist der **Raum stets** ganz normal (**flach**). In der ART ist er **stets gekrümmt**.

- Im "Grenzfall" der ART (flacher Raum, keine Kräfte) entstehen *nicht* die Formeln der SRT. Im "Grenzfall" der SRT (Beobachtergeschwindigkeit = 0) entstehen *nicht* die Formeln der ART.

Kurzum: Die beiden Theorien haben nichts miteinander zu tun, sie widersprechen einander in Großteilen! - Das Ganze noch als Tabelle:

Kategorie	*SRT*	*ART*
Bewegungen	geradlinig-gleichförmig	beliebig
Kräfte, besonders Schwerkraft	nicht vorhanden (Kinematik)	entscheidend (Dynamik)
Raum	für jeden anders	für jeden gleich
Zeit	für jeden anders	für jeden gleich
Raumstauchung	wichtig	nicht vorhanden
Zeitdehnung	wichtig	nicht vorhanden
Synchronisierung	schwierig	überflüssig
Äther	abgeschafft	wieder eingeführt
Lichtgeschwindigkeit	immer gleich	variabel
Raumzeit	stets "flach"	stets gekrümmt
Grenzfall SRT	$v \ll c$	belanglos
Grenzfall ART	kein Unterschied	Krümmung = 0

Die magische Formel

... und wo sie versagt

*Ich sah bald, dass bei der durch das Äquivalenzprinzip
geforderten Erfassung nichtlinearer Transformationen
die einfache physikalische Interpretation der
Koordinaten verlorengehen musste, d.h. es konnte nicht
mehr gefordert werden, dass Koordinatendifferenzen
unmittelbare Ergebnisse von Messungen mit idealen
Maßstäben bzw. Uhren bedeuten sollten.*
*Albert Einstein: Einiges über die Entstehung der
Allgemeinen Relativitätstheorie*

(1) Keine Erhaltung der Energie

Im Gegensatz zu den Formeln der SRT sind diejenigen der ART
hochkompliziert. Wer die Tensorrechnung nicht aus dem ff beherrscht, sollte
sich erst gar nicht an den Formelwust heranwagen. Lösungen der zehn
Gleichungen sind auch deshalb so kompliziert, weil, wie schon erwähnt, die
linke Seite die rechte bedingt, und umgekehrt, weil also alles alles beeinflusst.
Links sehen wir zwar die Mathematik und rechts die Physik, aber so einfach
ist die Sache nicht, denn die g^{ik}-Umrechnungsfaktoren (rein mathematische
Gebilde) enthalten auch die Schwerkraft, mithin auch die Massen, als Ursache
dafür, mithin auch die Gravitationsenergie als Folge davon. Wobei zwischen
Ursache und Wirkung in der ART nicht immer so einfach zu unterscheiden
ist. Rechts finden wir zwar die Massen des Universums, aber ohne jene,
welche Gravitation erzeugen -. also eigentlich nichts, denn jede Masse führt
zu Schwerkraftwirkungen. Wer solche hübschen Paradoxien nicht
akzeptieren kann oder will, sollte sich lieber mit einfacheren Problemen
beschäftigen, z.B. warum der allgütige Gott das Üble in der Welt zulässt. Oder
wieviele körperlose Engelchen auf einer Nadelspitze Tango tanzen können,
sofern sie das dürfen.

Bisher haben die Physiker auch nur Einkörperprobleme mit den Formeln der
ART gelöst (z.B. Schwarze Löcher), doch schon beim einfachsten
Zweikörperproblem, der Anziehung zweier Massen, versagt die ART: Sie
liefert den Wert 0. Davon später mehr.

In der Mathematik haben Tensoren ihren Wert zur Beschreibung von Kurven auf krummen Oberflächen. In der ART dienen sie dazu, die Beschreibung eines Naturvorgangs in beliebigen Koordinatensystemen darzustellen. Aber genügt nicht ein einziges, geschickt gewähltes System, also eine einzige Sicht eines Vorgangs? Sicher, doch Einstein wollte mehr. Er war für strikte Gleichberechtigung: Jeder Betrachter sollte aus jedem Blickwinkel das Gleiche sehen. Oder zumindest jedem anderen Beobachter gegenüber gleichberechtigt sein.

Mit dem willkürlichen Auftreten und Verschwinden von Energie ist indes der wichtigste physikalische Grundsatz bereits im Ansatz der ART verletzt: Der **Energie-Erhaltungssatz trifft nicht mehr zu**. Damit ist alles hinfällig, was an Aussagen abgeleitet werden kann. Was offenbar niemanden bisher störte, der diese Theorie lobt oder gar anwendet.

Aber wieso hat das keiner bemerkt?

Die Sache ist ziemlich kompliziert. Einstein leitete seine berühmte Formel auf Grund von Erhaltungsprinzipien ab, und die Erhaltung von Masse/Energie (beides sozusagen identisch durch die Formel $E=mc^2$) war ihm sehr wichtig. Also muss sie nachgewiesen werden. Und wie macht man das rein theoretisch, also mathematisch? Man verwendet dazu die **Divergenz** (div), übersetzt als *Quelldichte* einer Strömung. Sie wird berechnet als inneres Produkt (o) des Nabla-Operators (∇) mit einem Vektorfeld **S** (einer Strömung), was im dreidimensionalen Fall so aussieht:

$$\text{div}(\mathbf{S}) = \nabla \circ \mathbf{S} = \partial S_x/\partial x + \partial S_y/\partial y + \partial S_z/\partial z$$

Ist die Divergenz positiv (>0), handelt es sich um eine echte Quelle, die ständig neues Material liefert (Beispiel: eine Wasserquelle). Ist die Divergenz negativ (<0), handelt es sich um eine Senke, die ständig Material verschluckt (Beispiel: ein Abwasserkanal). Ist die Divergenz gleich null, wird das Gleichgewicht bewahrt (Beispiel: ein See, in dem sich Zu- und Abfluss die Waage halten). Dann ist das Gesetz von der Erhaltung der Masse-Energie erfüllt.

Im Universum als Ganzem darf keine Masse-Energie aus dem Nichts entstehen oder ins Nichts verschwinden, sonst wäre ein Perpetuum mobile möglich. Also muss die Divergenz der Masse-Energie "verschwinden", d.h. null werden.

In Einsteins Fundamentalgleichung:

$$R^{ik} - \tfrac{1}{2} g^{ik}R = 8\pi G \, T^{ik}$$

enthält die rechte Seite (T^{ik}) alle Energien und Masseteilchen mit Ausnahme der Gravitation. (Deutscher Name: *Gesamt-Spannungstensor, effektiver Spannungstensor, Energie-Impuls-Tensor der Materie und des elektromagnetischen Felds*. Englischer Name: *stress-energy-momentum tensor*) Die Energie besteht hauptsächlich aus Elektromagnetismus, die Materie ist eine Art Flüssigkeit oder feiner Staub ohne Struktur (also keine Massenpunkte). Alles, was mit Gravitation und den damit zusammenhängenden Größen zusammenhängt - also gravitative Materie, gravitative Energie, gravitative Kraft - liegt in den g^{ik} (dem metrischen Fundamentaltensor, also in der Krümmung) auf der linken Seite. Der **metrische Tensor g^{ik}** bezeichnet somit die **Quellen der Gravitation**.

Zur Energie-Erhaltung ist es nun nötig, dass die gewöhnliche Divergenz verschwindet, als Formel:

$\partial T^{ik}/\partial x_k = 0$ (Summierung über k; = Kontinuitätsgleichung). Dafür schreibt man auch **T^{ik},** (das Komma (,) bedeutet: gewöhnliche partielle Ableitung).

In gekrümmten Räumen wird die gewöhnliche Ableitung (,) durch die kovariante Ableitung oder das absolute Differenzial (;) ersetzt. Dabei kommen aber koordinatenabhängige Größen dazu, die Christoffelsymbole (= affine Verbindungen, wichtig zur Berechnung von "Paralleltransporten" von Vektoren).

Nun ist die linke Seite bei einer kovarianten Ableitung automatisch gleich 0, denn so sind die g^{ik} definiert. Setzt man aber die kovariante Ableitung der rechten Seite, also des Gesamt-Energie-Impuls-Tensors, gleich 0, so ist diese Nullsetzung *koordinatenabhängig*, der **Energie-Erhaltungssatz** also **nicht gewährleistet**.

Was tun? Das wichtigste Prinzip der Physik, das Gesetz von der Erhaltung der Masse/Energie, ist in Einsteins schöner Gleichung verletzt, was auch ziemlich schnell von den Fachgelehrten bemerkt wurde. Doch Einstein hatte eine Idee: Er spaltete die rechte Seite in zwei Summanden auf:

$$T^{ik}_{ges} = T^{ik}_{elmag} + t^{ik}_{grav}$$

t^{ik}_{grav} heißt *Energie-Impuls-Komponenten des Gravitationsfelds*, oder *Energie-Impuls Pseudotensor*. Der Term bezeichnet die *Energiedichte des Schwerkraftfelds*, das auch von den g^{ik} abhängt. Hier das Ganze anschaulich:

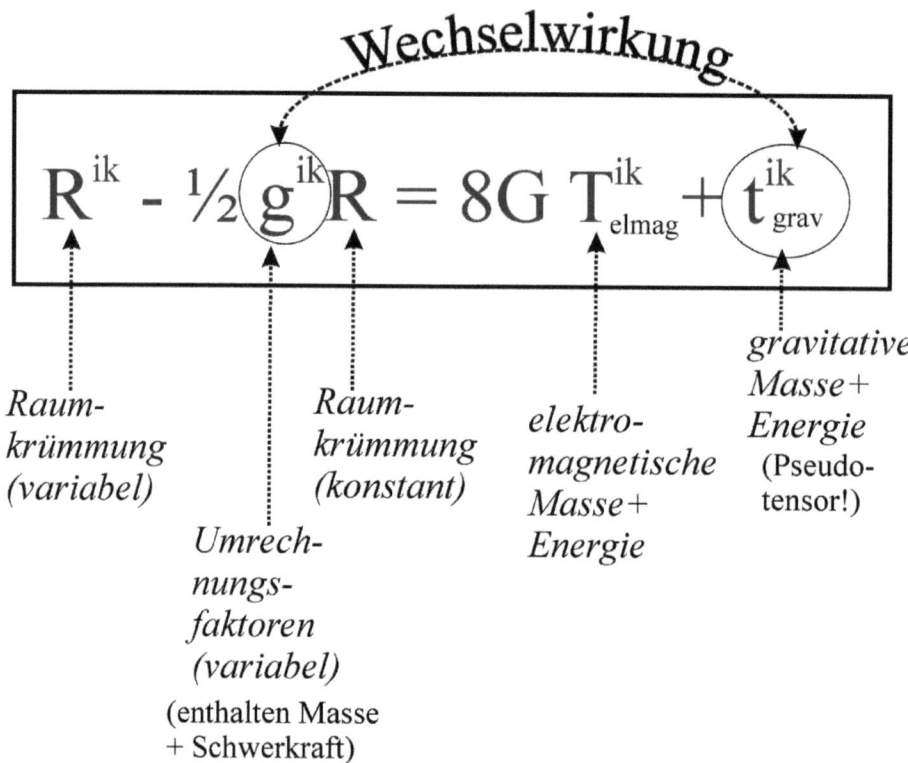

Keine Medizin ohne Nebenwirkungen. Sie kennen sicher die witzigen Sketche, wo jemand einen Teppich verlegt und eine Delle bemerkt. Er schlägt sie mit dem Hammer glatt, doch jetzt erscheint die Delle an einer anderen Stelle. Die Komikerin Martina Hill hat das sehr anschaulich mit dem Bespannen eines Betts gezeigt, wo das Betttuch immer wieder an einer Ecke herausspringt.

Zwar wird nunmehr die gewöhnliche Divergenz gleich 0, also T^{ik}_{ges} , = 0, aber t^{ik} ist jetzt kein Tensor mehr, sondern ein **Pseudotensor**. Der ist nicht symmetrisch wie die anderen Größen und auch nicht koordinaten-unabhängig wie jeder anständige Tensor. Vor allem: Er kann nicht zu einem gewöhnlichen Tensor addiert werden. Was bedeutet: Durch eine Koordinatentransformation kann er (trotz Vorhandensein eines Gravitationsfelds) zum Verschwinden gebracht, also wegtransformiert, werden, sogar beim einfachen Übergang von kartesischen Koordinaten zu Polarkoordinaten; oder er kann einen Wert $\neq 0$ erhalten, er kann sogar unendlich werden, in einem völlig leeren Universum. Mit anderen Worten: Energie ist aus dem Nichts erzeugbar oder ins Nichts vernichtbar. Und das gilt natürlich auch, nebenbei bemerkt, für Gravitationswellen, denen keine bestimmet Energie zugeordnet werden kann, weswegen ihr Einfluss auf Detektoren auch unbestimmt bleibt. Aber das ist eine andere Geschichte, die in diesem Buch später behandelt wird.

Nun denn, hat denn niemand die Misere bemerkt? Doch doch. KARL SCHWARZSCHILD (der Entdecker der "schwarzen Löcher") bemerkte bereits 1916:

Es gibt keine Schwerkraft. Anstelle dessen tauchen plötzlich aus dem Nichts Volumenelemente im Raum auf, sodass der Raum ständig in Richtung der Kugelmasse [des 'Schwarzen Lochs'] fließt, um in seinem Innern zu verschwinden.

FELIX KLEIN ("Zu Hilberts erster Note über die Grundlagen der Physik." Göttinger Nachrichten 1917 S. 477: schrieb:

Nach all dem kann ich kaum glauben, dass es zweckmäßig ist die sehr willkürlich gebildeten Größen t_μ^ν als Energiekomponenten des Schwerefelds zu bezeichnen.

HILBERTs Antwort darauf (ebenfalls S. 477):

... behaupte ich, dass Energiegleichungen überhaupt nicht existieren; ja, ich möchte diesen Umstand sogar als ein charakteristisches Merkmal der allgemeinen Relativitätstheorie bezeichnen.

Um das nochmals in dürren Worten auszudrücken: Das Hauptmerkmal der ART besteht darin, dass sie **zaubern kann**, denn sie kann Energiekaninchen aus dem Tensorhut holen oder dort verschwinden lassen. Kein Wunder, dass

Einstein von der hübschen kleinen Denksportaufgabe "64 = 65" so fasziniert war, dass er sie in sein Notizbuch zeichnete:

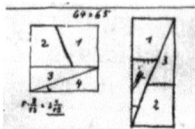

Doch es gibt noch mehr Stellungnahmen, z.B. von GUNNAR NORDSTRÖM ("On the Energy of the Gravitational Field in Einstein's Theory." Proceedings Royal Acad. Amsterdam, Vol XX (1918), p 1245):

Die Komponenten von t^{ik} können durch eine Koordinatentransformation zum Verschwinden gebracht werden.

Oder ERWIN SCHRÖDINGER ("Die Energiekomponenten des Gravitationsfeldes." Physikalische Zeitschrift, 19, (1918), 4-7):

Wir müssen uns von der Auffassung lösen, t als Energiekomponenten des Schwerkraftfelds zu bezeichnen; dabei bricht allerdings die Wichtigkeit der 'Erhaltungssätze' zusammen.

Auch HERMANN WEYL ("Raum - Zeit - Materie." Dritte Auflage, Berlin 1919. S.233) und WOLFGANG PAULI ("Relativitätstheorie", 1921) haben mit fast identischen Worten das Gleiche festgestellt.

Und der Meister selbst? In der Veröffentlichung "Über Gravitationswellen. Sitzungsberichte der Preußischen Akademie der Wissenschaften, Erster Halbband Januar bis Juni. Berlin 1918. Daraus: "Antwort auf einen von Hrn. Levi-Civita herrührenden Einwand", S. 166-167) sagt ALBERT EINSTEIN:

... Meinungsverschiedenheiten, ob man die $t_\mu{}^\nu$ als die Energiekomponenten des Gravitationsfeldes aufzufassen hat. Diese Meinungsverschiedenheit halte ich für unerheblich, für eine bloße Wortfrage. ... weil die $t_\mu{}^\nu$ keinen Tensor bilden. ... ich sehe nicht ein, warum nur solchen Größen eine physikalische Bedeutung zugeschrieben werden soll, welche die Transformationseigenschaften von Tensorkomponenten haben.

Oha! Das bedeutet, in Klarsprache übersetzt: Was kümmern mich meine Kritiker oder die Gesetze der Elementar-Mathematik. Wenn ich Äpfel mit Birnen zusammenzählen will, dann tu ich's, basta. Sozusagen Einstein als Frühausgabe von Frank Sinatra ("I'll do it my way"). Obwohl der Meister selbst im gleichen Beitrag erkannte:

... Die Gleichungen ... schließen es nicht aus, dass ein materielles System sich vollständig ins Nichts auflöse, ohne eine Spur zu hinterlassen.

Das war mit der mathematisch unmöglichen ART leider nicht der Fall. Sie löste sich <u>nicht</u> auf, im Gegenteil: Sie wird auch heute noch als höchste Errungenschaft menschlichen Denkens gepriesen. Ihre Zauberkraft wird in deutschen Publikationen völlig verschwiegen, in amerikanischen Büchern wenigstens angedeutet. So lesen wir im berühmten Buch "Gravitation" von C. W. MISNER, K. S. THORNE, J. A. WHEELER in Kapitel 20,4 aus S. 467:

Es gibt keine eindeutige Formel für die lokale Schwerkraftdichte ... Sie krümmt den Raum nicht. Sie dient auch nicht als Quelle.

Sie existiert also nicht als berechenbare Größe. Was ist sie dann? Der Zauberhut selbst?

Auch IGNAZIO CIUFOLINI & JOHN ARCHIBALD WHEELER geben in ihrem Buch "Gravitation and Inertia." Princeton University Press 1995, zu:

*Natürlich ist $t^{\alpha\beta}$ kein Tensor. Selbst wenn die Raumzeitkrümmung von null verschieden ist, kann der Pseudotensor des Gravitationsfelds jederzeit auf null gesetzt werden. Umgekehrt kann er sogar in einer flachen Raumzeit ungleich null werden, durch einfache Koordinatentransformation, **ohne physikalische Änderungen** ...* (Betonung von mir)

Zusammenfassung:

Symbol	deutsch	english	Bemerkung
T^{ik}_{ges}	Gesamt-Spannungstensor (ST), effektiver ST, Energie-Impuls-Tensor des elektromagnetischen Felds	(stress-) energy-momentum tensor	enthält elektromagnetische Energie, Staub, keine Gravitationsenergie. Kovariante Divergenz (;) $\neq 0$
g^{ik}	metrischer Fundamentaltensor	metrik	Quelle der Gravitation (Massenpunkte). (;) = 0
T^{ik}_{elmag}			wie T^{ik}_{ges}, aber ohne Massen

t^{ik}_{grav}	Energie-Impuls-Komponenten des Gravitationsfelds	energy-momentum-components of the gravitational field	Energiedichte des Gravitationsfelds, (;) = 0, aber kein Tensor!

(2) Keine Anziehung zweier Körper

Jetzt besprechen wir noch eine weitere, verblüffende Tatsache: Obwohl die ART als Überwindung und Verallgemeinerung der Newtonschen Gravitationstheorie vermarktet wurde, kann sie nicht einmal das Allereinfachste erklären: die Anziehungskraft zwischen zwei Körpern. Berechnet man die Anziehung zweier Körper mittels ART, ergibt sich die Zahl null! So wird auch nirgendwo die Gravitation von Körpern mittels ART nachgerechnet. Doch die Tatsache dieser Unfähigkeit wurde immer erfolgreich vertuscht. Die allwissende Wikipedia sagt dazu:

"Das allgemeinrelativistische Zweikörperproblem in aller Allgemeinheit, also mit zwei Körpern, die miteinander wechselwirken, ist ungleich komplizierter." Denn: *"... ist keine Reduktion des Problems auf ein Einzentrenproblem möglich."* Dann kommt eine Menge mathematisch hochgestochener Begründungen, warum die ART nicht schafft, was Newton leicht fällt, nämlich die allgemein anerkannte und angewandte Formel

Kraft ~ m_1m_2/r^2 (~ = "ist proportional zu")

abzuleiten. Sodass Wikipedia zuletzt resigniert feststellt: *"... kann man versuchen, die klassischen Konzepte näherungsweise zu übernehmen."* Wozu dann der immense Aufwand einer Theorie, bei der ohnedies keiner mehr durchblickt?

Die englischsprachige Wikipedia wird da deutlicher. Übersetzt heißt es dort: *"Es wurde keine exakte Lösung des Kepler-Problems gefunden."* [also der Berechnung der Bahnelemente von Planeten].

Aber irgendwo muss doch eine Formel versteckt sein, in der das Problem wenigstens irgendwie angepackt wurde? Ich habe lange danach gesucht und bin wenigstens an zwei Stellen fündig geworden.

TULLIO LEVI-CIVITA fand eine Lösung. In seinem Artikel "Astronomical Consequences of the Relativistic Two-Body Problem", American Journal of Mathematics, Vol. 59, No. 2 (Apr., 1937), pp. 225-234, definiert er auf S. 231 in Gleichung (16) eine Variable δ, welche die *Differenz* der beiden Massen enthält. Setzt man sie in die Formel für die gegenseitige Anziehung ein, ergibt sich bei gleich großen Massen der Wert **null**. Den Unsinn dieses Resultats hat der Autor entweder nicht erkannt (was einem Gelehrten dieses Rangs nicht zusteht) oder verschwiegen (was einem Gelehrten dieses Rangs erst recht nicht zusteht).

Ein Jahr später versuchten EINSTEIN, INFELD und HOFFMANN, das Problem anzupacken. Ihr Artikel (Albert Einstein, Leopold Infeld, Banesh Hoffmann. "The gravitational equations and the problem of motion." Annals of mathematics (1938): 65-100) ist, wie üblich, undurchschaubar wegen der vielen Annahmen, Approximationen und Substitutionen. Davon ließ sich aber der junge und vielseitig interessierte Physiker HOWARD P. ROBERTSON nicht abhalten. Er präsentierte eine vereinfachte Form des obigen Artikels, in dem er auf diese Problematik indirekt einging (H.P. Robertson: "The Two Body Problem in General Relativity", Math. Ann. 39 (1938), pp. 101-104). Robertson löst das Zweikörperproblem nicht, er sucht nur nach Gleichungen für die Bewegung des gemeinsamen Massenschwerpunkts. Auf S. 102, Gleichung (5), nach "B = ", definiert er eine Variable δ, welche die *Differenz* der beiden Massen enthält. Setzt man sie in die Gleichungen ein, wird die Beschleunigung des gemeinsamen Massenschwerpunkts **null**. Die Geschwindigkeit dieses Schwerkraftzentrums ist dann also konstant - keine Kräfte, keine Anziehung! Den Unsinn dieses Resultats hat der Autor entweder nicht erkannt (was einem Gelehrten dieses Rangs nicht zusteht) oder verschwiegen (was einem Gelehrten dieses Rangs erst recht nicht zusteht). Entschuldigung, dass ich mich wiederholen musste!

In den 1990-ger Jahren hat der Physiker HÜSEYIN YILMAZ von der Tufts-Universität (USA) 1992 diese Unfähigkeit der ART, das einfachste Gravitationsproblem wiedergeben zu können, neu entdeckt. Und zwar so:

Stellt man zwei Platten parallel nebeneinander, so ziehen sie einander an. Die alte Newtonsche Gravitationstheorie liefert dafür auch korrekte Werte. Löst man dagegen die Gleichungen der ART für dieses Problem, ergibt sich als Anziehungskraft zwischen den Platten der Wert - null! Deswegen beschäftig sich die ART auch immer mit nur *einem* Körper im All: Die Sonne lenkt Licht ab; ein Schwarzes Loch zieht einsam seine Bahn; der Planet Merkur ist ein "Testkörper" mit unendlich kleiner Masse; usw.

Alles Unsinn, behauptete der Physiker William G. Unruh von der Universität von British Columbia in Vancouver, Kanada. Er präsentierte eine Lösung des Problems, die aber falsch war. Leicht beunruhigt präsentierte er eine zweite Lösung, von der Yilmaz behauptet, sie wäre auch falsch. Weil Einsteins 10 Gleichungen derart schwer zu lösen sind, sodass nur wenige Menschen auf der Welt mit ihnen umgehen können, bleibt die Angelegenheit vorerst unentschieden.

Auf alle Fälle hat Yilmaz die ART auf einfache, aber effektive Weise verbessert und damit die gewünschte Antwort zum Plattenproblem erhalten. Die Lösung sieht, kurz gesagt, so aus: Im ursprünglichen Gleichungsansatz

Raumzeit-Krümmung = Materie + Energie

bestimmt die Materie im Universum die Krümmung des Raums, und diese wiederum die Schwerkraftverhältnisse. Weil aber die Schwerkraft selbst eine Energieform ist, muss sie auch Masse haben. Diese Masse (sie ist sozusagen auf der linken Seite der Gleichung gefangen) fügte Yilmaz rechts noch hinzu, sodass die neue Gleichung lautet:

Raumzeit-Krümmung = Materie + Energie + Masse der Krümmungsschwerkraft

Mit dieser neuen Gleichung ergibt sich die korrekte Anziehung des Zweiplattenproblems. Gleichzeitig verschwinden aber Schwarze Löcher und damit Gravitationswellen aus der ART. Ob die Theoretischen Physiker damit einverstanden sind?

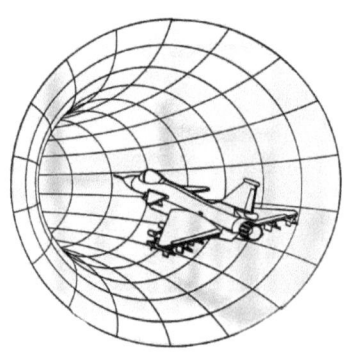

Zwischenspiel 1: Ein paar Anekdoten

Als der Maler Paul Valery, der stets ein Notizbuch zum Festhalten seiner Ideen mit sich führte, Einstein eines Tages fragte, ob er dies ebenfalls tue, antwortet dieser: "Nicht nötig. Mir fällt so selten was ein."

Albert Einstein zu Charlie Chaplin: „Was ich am meisten an Deiner Kunst bewundere, ist Deine Universalität. Du sagst kein Wort, und doch... die Welt versteht Dich!"
Daraufhin Charlie Chaplin zu Albert Einstein: „Es ist wahr, aber Dein Ruhm ist noch größer! Die Welt bewundert Dich, auch wenn niemand Dich versteht."

Einstein liebte die Frauen und die Frauen liebten ihn, auch wenn er nicht so aussah wie Clark Gable und wahrscheinlich auch nicht so gut roch wie er. Doch er war weltberühmt, und das machte ihn sexy. Meist holten ihn die Frauen im eigenen Auto ab, unter den Blicken seiner Gattin.
Zu den ungewöhnlichsten Affären gehörte die Beziehung zur russischen Spionin Margarita Konenkowa. Eines Abends sagte Margarita zu ihrem Meister: Albert, erklär mir doch mal die Relativitätstheorie. Das geht so, sagte der Meister: Wenn sich ein Objekt sehr schnell bewegt, dann schrumpft es. Aber Albert, meinte die Russin, ich kenne das nur umgekehrt!

„Umsonst ist's nicht, dass die Natur
Uns schenkte eine Zung' nicht nur
Sondern dazu die Fähigkeit
Sie rauszustrecken ziemlich weit!"
(Albert Einstein 1952)

Zwischenspiel 2: Die Wieder-Ptolemäisierung der Welt

... die Frage, ob das Ptolemäische oder Kopernikanische Weltbild
das richtige sei ... völlig gegenstandslos ... ist nicht einzusehen,
warum das eine oder das andere bevorzugt werden sollte.
Einstein/Infeld: Die Evolution der Physik (1938)

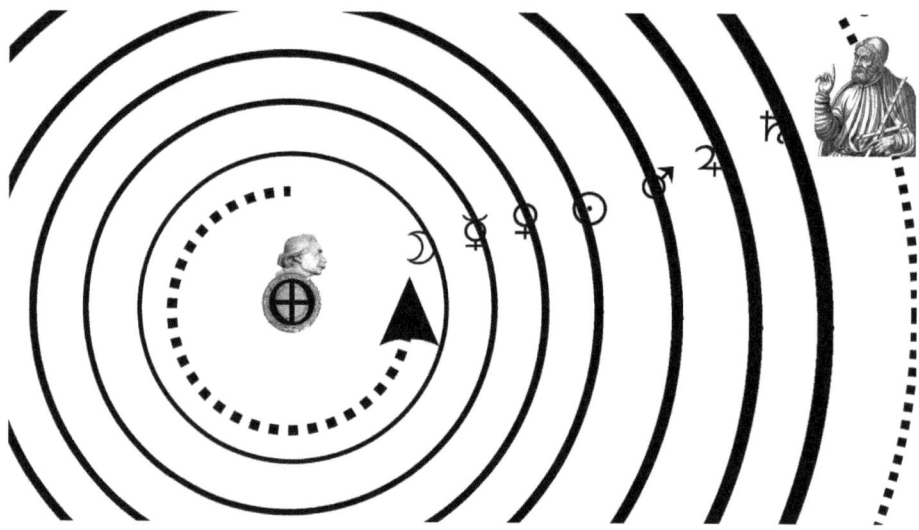

Bereits kurz nach Veröffentlichung seiner Allgemeinen Relativitätstheorie 1915 erklärte Einstein das geozentrische Weltbild dem heliozentrischen gegenüber als gleichwertig, als Beweis dafür, wie allgemein seine Allgemeine Relativitätstheorie sei. ("Die Grundlage der allgemeinen Relativitätstheorie." Annalen der Physik 49, 769-822, 1916). Zitat: *Es bleibt daher nichts anderes übrig, als alle denkbaren Koordinatensysteme als für die Naturbeschreibung prinzipiell gleichberechtigt anzusehen.* Vielleicht hat sich der Meister aber auch nur über seine Verehrer lustig gemacht, Humor hatte er ja. Doch seine Anhänger nahmen die Sache ernst und erhärteten mit den üblichen umständlichen, unverständlichen und unsinnigen Argumenten diese Ansicht. Nur dass Ptolemäus nicht wusste, wie weit die Gestirne von der Erde entfernt sind; dass seine Welt mit Saturn endete und dahinter nur eine unbestimmte Fixstern-Sphäre existierte; und dass er sich nicht um die Geschwindigkeiten der Himmelskörper um die Erde kümmerte, zumal es in der Antike noch keine Höchstgeschwindigkeit gab.

Das alles war im 20. Jahrhundert anders. Die um die Erde kreisenden Himmelskörper haben nach dem Ptolemäischen System alle die gleiche Winkelgeschwindigkeit - nämlich 360°/Tag - aber damit, entfernungsabhängig, immer höhere Radialgeschwindigkeiten. So mussten Einsteins Verehrer erklären, wie sich die Himmelskörper ab Neptun mit Überlichtgeschwindigkeit bewegen können, wo doch laut ihm die Lichtgeschwindigkeit die höchste erlaubte Geschwindigkeitsgrenze darstellt.

Beim Verbiegen der Logik, beim Ausdenken unsinnigster Erklärungen, bei der Ausschaltung jedwegen Menschenversands (ob gesund oder ungesund) waren die alten Meister echte Meister. So stellt MAX BORN (Nobelpreisträger) in seinem Lehrbuch "Die Relativitätstheorie Einsteins und ihre physikalischen Grundlagen" (1922) erst mal fest:

Ein ... ähnlicher Fehler liegt folgendem Einwande zugrunde, der immer wieder vorgebracht wird, so trivial auch die Aufklärung ist. Nach der allgemeinen Relativitätstheorie soll ein gegen die Fixsterne rotierendes, also etwa ein mit der Erde fest verbundenes Koordinatensystem mit dem gegen die Fixsterne ruhenden System völlig gleich berechtigt sein. In einem solchen System aber werden die Fixsterne selbst ungeheure Geschwindigkeiten bekommen.

In der Tat. Nach einigen Formeln sieht die "triviale Lösung" auf S. 258 (ohne Formeln) so aus:

Dieser [Widerspruch] entsteht aber nur dadurch, dass der Satz $v < c$ ganz und gar auf die spezielle Relativitätstheorie beschränkt ist. In der allgemeinen nimmt er folgende enge Fassung an: Man kann bekanntlich immer ein solches Bezugsystem wählen, dass in der unmittelbaren Umgebung eines beliebigen Weltpunkts Minkowskis Weltgeometrie herrscht, also die Geometrie euklidisch ist, kein Gravitationsfeld besteht ... Sobald Gravitationsfelder herrschen, kann natürlich jede Geschwindigkeit, sowohl die materieller Körper als auch die des Lichts, jeden numerischen Wert annehmen.

Mit anderen Worten: Materielle Körper, in diesem Fall: weit entfernte und keineswegs lokale Sterne, Galaxien, Superhaufen, ja sogar der Rand des Universums (die kosmische Hintergrundstrahlung) können also beliebig schnell werden ??? Manchmal kommen mir die Wissenschaftler, die angeblich logisch (oder überhaupt) denken können, so vor wie jene Theologen, die erklären wollen, warum Gott allgütig ist, wo doch das Üble in der Welt jedermann offensichtlich erscheint.

Einer, der sich besonders um die Rechtfertigung Einsteinscher Ideen bemühte, war der Philosoph HANS REICHENBACH (1891-1953). In seinem Beitrag "Die philosophische Bedeutung der Relativitätstheorie" (in: Paul Arthur Schilpp (Herausgeber): Albert Einstein als Philosoph und Naturforscher. eine Auswahl. Friedr. Vieweg & Sohn Braunschweig/Wiesbaden 1949) sagt er unter anderem:

*Es gibt nur **einen** Einstein.* [... mit der Betonung auf *einen*]

Relativität bedeutet nicht den Verzicht auf Wahrheit. Ihr Sinn ist nur der, dass die Wahrheit auf verschiedene Weise ausgedrückt werden kann. [Das klingt schon sehr nach Donald Trump und seinen "fake news".]

In einer logischen Darstellung der Relativitätstheorie kann der Beobachter völlig ausgeschaltet werden. [Ach ja? Aber dann kommt doch etwas Absolutes in die Theorie.]

Es wäre doch ratsam, nicht, wie es jetzt so häufig geschieht, mit den primitiven Mitteln des Laien eine Kritik der Relativitätstheorie zu versuchen. [Wie kommen diese Typen überhaupt dazu, sich mit den Ideen des Erhabenen auseinanderzusetzen, ja sogar sie zu kritisieren, allein mit ihrem beschränkten Verstand?]

Man versuche einmal ganz bescheiden, seine eigenen Vorstellungen von Raum und Zeit zu kritisieren; und wenn man dann gemerkt hat, auf wie hohlen Füßen diese anspruchsvoll auftretenden Begriffe eigentlich stehen, dann gehe man zu Einstein, und lerne von diesem tiefen Denker den Weg, aus dem schwankenden Boden der Vorstellungen dennoch zu objektiven Erkenntnissen zu kommen. [Merke: Nur Einer kann denken, und das ist Er, der Göttliche.]

Zurück zum Menschlichen. Nachdem Reichenbach seine Thesen über Einstein-Ptolemäus in den "Astronomischen Nachrichten". 213. 1921, Nr. 5107, Sp. 307-310 veröffentlicht hatte, fühlte sich der Jesuit und Verfasser eines Lehrbuchs der Relativitätstheorie, THEODOR WULF, bemüßigt, in der gleichen Zeitschrift (Nr. 5084, Sp. 379-382) auf den Unsinn dieser Argumente hinzuweisen ("Tatsachen zur allgemeinen Relativitätstheorie"). Das aber ließ sich Reichenbach nicht gefallen, und so verfasste er eine "Erwiderung auf

Herrn Th. Wulfs_Einwände gegen die allgemeine Relativitätstheorie" (Astronomische Nachrichten. 213. 1921, Nr. 5107, Sp. 307-310). Seine Argumente sind so herrlich absurd, dass sie von LEWIS CARROLL ("Alice im Wunderland") stammen könnten. Sie seien dem Leser hiermit auszugsweise serviert.

Zunächst stellt Reichenbach fest, wie sich's gehört: *Die Einwände [des Herrn Wulf] gegen die allgemeine Relativitätstheorie beruhen sämtlich auf Irrtümern.* Na klar, wer etwas Kritisches gegen Einstein sagt, ist auf jeden Fall im Irrtum.

Weiters gibt Reichenbach zu: *Es treten bei dieser Auffassung in der Tat Überlichtgeschwindigkeiten auf ... Überlichtgeschwindigkeiten gibt es aber, im strengen Sinne des Wortes, auch hier nicht, denn kein Körper bewegt sich rascher als ein Lichtsignal an der gleichen Raumstelle zur gleichen Zeit.*

Die Methode des Meisters, etwas zu behaupten und im nächsten Satz das Gegenteil davon, hat der Schüler gut gelernt. Wir aber wollen wissen, wie so etwas möglich ist. Hier die Lösung:

Dass der Zahlwert dieser Geschwindigkeit veränderlich ist, hängt mit der Willkürlichkeit der Zeitdefinition im Gravitationsfeld zusammen. Darum darf man auch im Gravitationsfeld nicht einfach die Lorentz-Kontraktion der speziellen Relativitätstheorie ansetzen.

Von Gravitation war noch gar nicht die Rede. Die ptolemäische Betrachtung der Welt ist die gleiche wie in der SRT: rein kinematisch, nur Bewegungen, keine Kräfte. Die SRT lebt von und in und mit der Lorentz-Kontraktion, und jetzt darf man sie nicht anwenden. Was dann? Relativität? Nein, denn:

Man darf nicht etwa und dies ist einer von den häufigsten Irrtümern ein Koordinatensystem auf der Erde mit einem Koordinatensystem, das relativ zu den Fixsternen ... ruht, ohne weiteres äquivalent setzen.

Ach nein? Und wenn der Meister "alle denkbaren Koordinatensysteme als für die Naturbeschreibung prinzipiell gleichberechtigt" deklariert, dann hat Einstein also Unrecht? Aber jetzt kommt's dicke:

Sondern es ist die Behauptung Einsteins, dass man zu jedem Koordinatensystem noch ein entsprechendes Gravitationsfeld hinzufügen muß und dass dann erst Äquivalenz entsteht. Es [ist] das Koordinatensystem der Erde mit einem tensoriellen Gravitationsfeld, das den ganzen Weltraum stetig erfüllt und mit zunehmender Entfernung vom Erdmittelpunkt enorme Beträge erreicht. [Und noch einmal:] *Die seitliche Tensorkomponente des Feldes, die auf der Erde als Corioliskraft beobachtet werden kann, treibt die Fixsterne im Kreise herum; ihre Feldstärke wächst proportional mit der Entfernung von der Erde*

Aha! Wir haben jetzt ein Gravitationsfeld, das immer stärker wird, je weiter wir uns von der Erde entfernen. Das war noch nie da, wurde noch von niemandem behauptet, das widerspricht nicht nur dem gesunden Menschenverstand (für den die Einstein-Verehrer ohnedies bloße Verachtung hegen), sondern allen Erkenntnissen der Physik. Und das soll die Erklärung für die Wahnsinnsgeschwindigkeiten der Sterne und Galaxien sein ???

Da könnte man Aussprüche wie

Das tensorielle Gravitationsfeld packt ebenso die Lichtstrahlen, die ja Schwere haben, und dreht sie mit herum.

als Lichtenbergsche Algorithmen verewigen, wenn sie nicht so absurd wären, dass sich sogar Alice im Wunderland dagegen wehren müsste. So hilft auch der Vergleich mit einer Tätigkeit am Kinderspielplatz nichts mehr:

... auch wenn das Karussell gleichförmig rotiert, das Pferd also abgesehen von der Reibung keine Arbeit leistet, ist das Gravitationsfeld da und dreht fortwährend die Sterne; mit der Leistung des Pferdes hat das Feld eben gar nichts zu tun.

Jetzt hat der Ausdruck "Pferdestärke" noch eine zusätzliche Bedeutung gewonnen. Also bleibt das beruhigende Fazit, das ich jetzt auch noch **fett** drucke:

Es erscheint von vornherein aussichtslos, durch solche Überlegungen die Relativitätstheorie widerlegen zu wollen.

Na eben, das wussten wir schon lange. Aber: Hat der Meister dem Schüler dessen Bemühungen zur Wiederherstellung kosmischer Harmonien wenigstens gedankt? Mitnichten! Davon mehr im nächsten Kapitel.

Zwischenspiel 3: Die Reichenbachaffäre

Wie wir im vorigen Kapitel zeigten, war Hans Reichenbach ein glühender Verfechter und Erklärer der Einsteinschen Ideen. Man sollte also meinen, letzterer hätte ihn gelobt und einen Hauch von Dankbarkeit versprüht. Hat er aber nicht. Und das kam so:

In den 1920iger Jahren, bis zu seinem Tod, bemühte sich Einstein unermüdlich um eine Art "Dritte Relativitätstheorie", in der alle Erscheinungen der Natur, insbesondere Elektrizität, Magnetismus und die neu entdeckten Kernkräfte, eingebunden werden sollten. So richtig voran kam er nicht. Mit der ihm eigenen Selbstironie schrieb er in einem Brief an seinen Freund Paul Ehrenfest vom 26. Dezember 1915:

Es ist bequem mit dem Einstein. Jedes Jahr widerruft er, was er das vorige Jahr geschrieben hat.

Eine dieser neuen All-Erklärungsversuche veröffentlichte er in halbwegs verständlicher Form 1929 in der "Vossischen Zeitung". Sein Verehrer Reichenbach hat, wie üblich, die Ideen seines Meisters wohlwollend rezensiert ("Einsteins neue Theorie," Vossische Zeitung, 25 Januar 1929). Da aber wallte dem Meister die Galle hoch. In einem wütenden Brief an die Zeitung beklagte sich Einstein noch am gleichen Tag bitter über das ihm widerfahrene Ungemach:

Es hat mich überrascht, dass Ihre sonst so vornehme Zeitung das taktlose Verhalten eines Kollegen mir gegenüber begünstigt hat. Herr Dr. Reichenbach hat mich um Mitteilungen über meine neue Arbeit gebeten, und ich habe ihm bereitwilligst die gewünschten Auskünfte erteilt. Er hat darauf, ohne das Erscheinen der Arbeit abzuwarten, und ohne mich zu fragen oder auch nur zu benachrichtigen, in der Öffentlichkeit darüber berichtet, was den akademischen Sitten durchaus zuwiderläuft. Sie hätten dazu die Hand nicht bieten dürfen. Mit ausgezeichneter Hochachtung A. Einstein

Die Zeitung entschuldigte sich gleich am nächsten Tag:

Hochverehrter Herr Professor, es ist mir außerordentlich schmerzlich, zu hören, dass Sie über die Aufnahme des Reichenbachschen Aufsatzes verstimmt sind. Ich bitte Sie nur, freundlichst zu bedenken, dass sämtliche Berliner Zeitungen über Ihre neue Arbeit Nachrichten, meist phantastischer Natur, gebracht hatten, und dass wir uns streng gehütet haben, diese aus dunklen Quellen stammenden Notizen aufzunehmen. Erst als Ihre Arbeit Gegenstand der öffentlichen Diskussion geworden war, hielten wir uns für verpflichtet, unsere Leser zu informieren. Herr Joel bestellte uns, dass Sie uns vor der Aufnahme eines gewissen Interviews von nicht sachverständiger Hand warnten, und wir haben uns davor gehütet. Dagegen glaubten wir, dass ein Fachmann vom Range Reichenbachs, der uns schon eine Reihe wertvoller Aufsätze übergeben hat, der Geeignetste zur Aufklärung des Publikums über dieses Thema wäre. Selbstverständlich nahmen wir an, dass ihm die Arbeit, über die er schrieb, bekannt wäre, und ich entnehme Ihrem Briefe auch nichts, was diesen Glauben widerlegt.

Ob sein Verhalten den akademischen Sitten zuwiderläuft, vermag ich nicht zu beurteilen. Aber Sie werden mir hoffentlich zugeben, dass die Vossische Zeitung an diese Materie ohne unschickliche Eile und mit der denkbar behutsamsten Vorsicht herangegangen ist. Deshalb hoffe ich, dass Ihre Verstimmung niemand treffen wird, auf dessen Verehrung Sie so fest vertrauen können wie auf Ihren hochachtungsvoll ergebenen Feuilleton-Redaktion der Vossischen Zeitung

Reichenbach war etwas irritiert. Gleich am nächsten Tag schrieb er an den "Lieben Herrn Einstein":

Ich bin durch Ihr Vorgehen gegen mich auf das tiefste verletzt. Wenn Sie irgend einen Vorwurf gegen mich richten zu müssen glaubten, so war es doch wohl selbstverständlich, dass Sie sich an mich direkt wandten, nicht aber an die Vossische Zeitung. Die Verantwortung für meinen Aufsatz fällt auf mich, und nicht auf die Vossische Zeitung. Soviel persönliche Achtung habe ich doch wohl verdient, nach all dem, was ich für die Relativitätstheorie und die Anerkennung Ihrer persönlichen Leistung in der Oeffentlichkeit getan habe, dass Sie mich nicht einfach übergehen können. Ich möchte Ihnen trotzdem direkt antworten, denn ich kann es nicht annehmen, dass Sie zwischen uns eine dritte Stelle einschieben.

Als ich neulich zu Ihnen kam, um mir von Ihnen über Ihre neue Theorie erzählen zu lassen, kam ich wirklich aus wissenschaftlichem Interesse—das dürfen Sie mir glauben. In den nächsten Tagen kamen verschiedene Anfragen an mich, die von den bis dahin veröffentlichten sensationellen Pressenotizen ausgingen und mich um Auskunft baten. Nachdem ich sehr oft derartige Anfragen erhalte und ja auch viel in der Oeffentlichkeit schreibe, habe ich selbstverständlich die gewünschten Aufsätze geschrieben. Maßgebend war für mich dabei auch der Gedanke, dass ich damit in der Lage war, Ihnen einen Dienst zu erweisen denn ich mußte annehmen, dass Ihnen die sensationelle Aufmachung der bisherigen Berichte unsympathisch sein mußte, und dass Ihnen an nichts mehr gelegen wäre, als die Oeffentlichkeit vor der Einmischung in eine Angelegenheit zurückzuhalten, die gewiß zunächst nur vor den Kreis der Fachwissenschaftler gehört. Und wirklich: wenn einer berechtigt war, zu einer Angelegenheit der Relativitätstheorie Stellung zu nehmen, die inzwischen bereits eine öffentliche Angelegenheit geworden war, so war ich es denn es gibt kaum einen, der sich so um das Verständnis weitester öffentlicher Kreise für die Relativitätstheorie bemüht hat, wie ich.

Sie sind nun über meinen Aufsatz verletzt, und wie es nach Ihrem Brief an die Vossische Zeitung erscheint, begründen Sie dies damit, dass ich Ihre Veröffentlichung vorweggenommen hätte. Denn nicht anders kann ich Ihren Vorwurf verstehen, dass mein Verhalten der akademischen Sitte zuwiderläuft. Ich muß mich gegen diesen Vorwurf auf das entschiedenste verwahren. Ich habe in dem betr. Aufsatz im wesentlichen nur die wissenschaftliche Vorgeschichte Ihrer Arbeit erzählt, also über längst veröffentlichte Dinge berichtet, und die paar Sätze, die Ihre neue Arbeit betreffen, sind derart allgemein gehalten, dass sie nichts, aber auch wirklich garnichts an der Priorität Ihrer Veröffentlichung wegnehmen. Diese Sätze passen ja ebenso gut auf jede frühere Form der allgemeinen Feldtheorie. Es ist mir deshalb unverständlich, wie Sie so etwas sagen können. Der mathematische Teil, von dem Sie uns neulich vorgetragen haben, kam ja schon von Natur aus für eine populäre Darstellung garnicht in Frage. Dass ich Sie aber wegen ein paar derartig allgemein gehaltener Sätze erst hätte um Erlaubnis fragen sollen— dazu ist mir der Gedanke überhaupt nicht gekommen. Ich habe Sie doch auch sonst nie gefragt, wenn ich über die Relativitätstheorie geschrieben habe.

Oder sind Sie deshalb verletzt, weil ich nicht mit derselben Wärme für die neue Theorie eingetreten bin, wie ich die alte stets verteidigt habe? Ich kann mir nicht denken, dass Sie mir mein zurückhaltendes Urteil übelnehmen— zumal ich gerade in dem betr. Aufsatz betont habe, dass Ihr Urteil einstweilen das wichtigste Urteil für dieses Problem bedeutet. Und Sie können mir glauben, dass diese Zurückhaltung bei mir gerade aus dem Wunsch entsprang, Ihre Arbeit vor der Entstellung durch das Sensationsbedürfnis der Presse zu bewahren. Ich weiß, dass auch die Vossische Zeitung meinen Aufsatz so aufgefaßt hat und das Urteil vieler, die meinen Aufsatz jetzt gelesen haben, bestätigt mir meine Auffassung.

Aber Sie nennen mein Verhalten taktlos und brauchen dieses Wort sogar dritten gegenüber. Das—Herr Einstein, das habe ich nicht verdient. Ich habe Jahre der Arbeit in die begriffliche Aufklärung der Relativitätstheorie hineingesteckt, ich habe bei allem, was ich an Resultaten fand, stets die Bedeutung Ihrer ganz persönlichen Leistung in den Vordergrund gestellt, und ich habe Ihre Person verteidigt, wo immer ich Sie angegriffen fand. Ich habe mir durch mein Eintreten für die Relativitätstheorie meine akademische Laufbahn unter den Philosophen nahezu abgeschnitten, und ich habe Ihnen nie den leisesten Vorwurf gemacht, wenn ich trotz allem bei Ihnen nicht die Anerkennung und die Hilfe für meine Arbeiten fand, auf die ich gehofft hatte. Ich weiß, dass Ihnen mathematisch-physikalische Arbeit wichtiger erscheint als philosophische, und ich habe Ihrem wissenschaftlichen Genie stets das Recht gelassen, unbeirrt durch irgendwelche Verpflichtungen menschlicher Art seinen eigenen Weg zu gehen. Aber dass Sie mich nun als einen „taktlosen Kollegen" vor der Oeffentlichkeit abschütteln wollen, ohne mich einer direkten Mitteilung zu würdigen, weil ich einen Zeitungsaufsatz geschrieben habe, den Sie nicht für richtig halten - das lasse ich mir nicht gefallen.

Einsteins Replik am nächsten Tag troff von Sarkasmus:

Nicht ohne eine gewisse Freude, welche nach einem ungenannten Weisen die einzige ungetrübte Freude sein soll, habe ich aus Ihrem Brief gesehn, dass Sie sich tüchtig geärgert haben. Denn dies ist nach alter Väter Denkweise das gerechte Aequivalent für die Unannehmlichkeiten, die Sie mir durch Ihren Artikel auf den Hals laden. Noch ein Glück, dass Sie keine grossen Töne gemacht haben, sonst hätte man obendrein noch gesagt, der Artikel komme von mir! Der ganze Presselärm kommt durch harmlose Indiskretion von Freunden, denen ich über einen glücklichen Fund berichtete. Im engen Kreis-Weitererzählen-Gerücht-Zeitungsnotiz-Zeitungsgebrüll ist der folgende lawinenähnliche Vorgang. Nun gings über mich wie ein Schwarm Heuschrecken, so dass ich nahe daran war, die Flucht zu ergreifen. Aber ich half mir in meiner Not damit, allen zu versichern, dass keiner von den Lohnschreibern etwas von mir erführe, bevor die Arbeit erschienen sei. Aus Ihrem Artikel war aber zu ersehen, dass Sie informiert waren. Man warf mir also wortbrüchiges Verhalten vor, und mit Recht! Das ist peinlich für mich. Keiner von den anderen Kollegen hat den von Zeitungen an ihn ergehenden Aufforderungen Folge geleistet, ausser Ihnen! Wenn Sie nicht einsehen—auch nachträglich—, dass Sie vor dem Erscheinen der Arbeit sich nicht in der Oeffentlichkeit unter Verwendung persönlicher Informationen, ohne mich zu fragen oder zu benachrichtigen über den Inhalt äussern durften, dann hat Ihnen der Herrgott eben eine Art Gefühl nicht auf den Lebensweg mitgegeben, unter dessen Mangel hauptsächlich die Mitmenschen leiden zu müssen pflegen. Für diesen Mangel spricht es auch, dass Sie mir in Ihrem Briefe die Wohltaten vorhalten, die Sie mir erwiesen zu haben glauben, indem Sie sich in sympathischen Sinne mit meinen Arbeiten abgegeben haben.

Also weg mit Pathos und moralischer Entrüstung. Wir sind alle nur schwache Menschen und wollen uns gegenseitig gestehen, dass wir alle Schwächen haben. So sind wir nun einmal gedrechselt und der Herrgott allein ist dafür verantwortlich. In diesem Sinne grüsst Sie bestens Ihr A. Einstein.

Fazit: Leg dich nie mit einem Gott an, der könnte seine Blitze schleudern, nur weil er mit dem linken Fuß aufgestanden ist!

Zwischenspiel 4: Der Einfluss der nahen Sterne

Warum behandelt man die Astrologie mit einer Strenge, die man in der Wissenschaft selbst nie anwendet? Weil man sie für eine Häresie hält - und bei Häresien hört die Rationalität auf.
Paul Feyerabend: Über die Methode

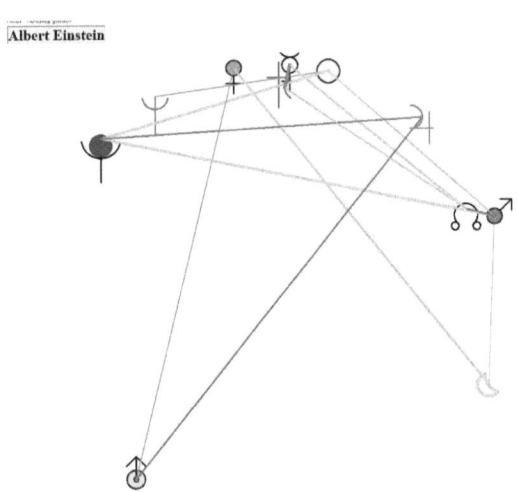

Albert Einstein

Den Einfluss der *fernen Sterne* auf die Bewegung von toten Körpern - also das Machsche Prinzip - haben wir schon besprochen. Jetzt kommen wir zum Einfluss der *nahen Sterne*, sprich: der Planeten, auf lebende Körper. Kurzum: Wir untersuchen ein paar Horoskope und schauen uns an, wie sehr die Aussagen meines Astro-Computers mit der Wirklichkeit übereinstimmen (was man bezüglich mathematischer

Aussagen, wie wir wiederholt gezeigt haben, von der ART nicht behaupten kann).

Die Charakteranalyse des am 14.3.1879 um (laut Geburtsurkunde) 11:30 in Ulm geborenen Albert Einstein sieht auszugsweise so aus. Aber vorher noch ein Zitat von ihm:

Phantasie ist wichtiger als Wissen.

Und nun zum Horoskop:

Sie besitzen dichterische Inspiration, Fantasie und Einbildungskraft. Ihr Glaube, Ihre Begeisterungsfähigkeit und Ihr Optimismus sind Ihre großen Stärken. So wirken Sie stets frisch und attraktiv. Ihre hohe Intelligenz führt Sie zu abstrakten, spirituellen und philosophischen Ideen. Sie sind vielseitig in Ihren künstlerischen und schöpferischen Talenten, und Sie setzen sich selbst hohe Ziele.

An die Regeln der Konvention fühlen Sie sich nicht gebunden. Denn Freiheit des Geistes und der Gedanken ist für Sie ein hohes Gut. So sind Sie ein erfinderischer und unkonventioneller Mensch. Ihr Leben ist vermutlich niemals langweilig. Ewig auf der Suche nach dem großen Abenteuer werden Sie zum Weltreisenden und Entdecker. Sie haben keine Furcht und glauben mit ganzem Herzen an die Macht Ihres Glücks - und das zu Recht, denn Sie haben tatsächlich immer Glück. Ihr Charme ist fast kindlich und erweckt in anderen Beschützerinstinkte. Sie sind ein Idealist und lieben das Leben, denn Sie sind fest davon überzeugt, in der besten aller Welten zu leben, egal, was die anderen dazu sagen. Doch plagt Sie öfter mal Verwirrung. In der Welt abstrakter Gedanken fühlen Sie sich zu Hause, aber wie's auf Ihrem Bankkonto aussieht, das entgeht Ihrer Aufmerksamkeit. Ein praktischer Mensch sind Sie nämlich nicht. Sie leben in einer Welt der Eindrücke und Ideen, und die harten Fakten des Lebens irritieren Sie bloß. Glücklicherweise bringt Sie Ihre Intuition auch wieder in ruhige Gewässer, wenn Ihre geistige Abwesenheit Sie, wie so oft, die Wirklichkeit vergessen ließ.

Ihre Einstellung zur Arbeit: Ein Geschäftsmann sind Sie nicht. Zwar können Sie mit Ihrem Charme andere überreden, aber als Künstler haben Sie mit Ihrer Fantasie mehr Erfolg. Es ist für Sie allerdings schwierig herauszufinden, welchen Weg Sie dabei gehen sollen, denn Sie sind ewig auf

Albert Einstein
14.03.1879
11.30
Sommerzeit: 0
Ulm (Deutschland),1,9:59,48:24

Sonne	23:30 Fische
Mond	13:42 Schütze
Merkur	3:8 Widder
Venus	16:59 Widder
Mars	26:55 Steinbock
Jupiter	27:38 Wassermann
Saturn	4:3 Widder
Uranus	1:22 Jungfrau (R)
Neptun	7:35 Stier
Pluto	24:36 Stier
Mondknoten	1:29 Wassermann (R)
Aszendent	7:26 Krebs
MC	7:27 Fische

Achse. ... Sie brauchen im Beruf absolute Freiheit, sonst werden Sie seelisch krank.

Ihre Einstellung zur Partnerschaft: Das Alleinsein fällt Ihnen schwer. Bei Ihrer ungehemmten Offenheit und romantischen Veranlagung brauchen Sie jemanden, mit dem Sie Ihr Leben teilen können. ... Suchen Sie sich einen Lebenspartner, der Sie nicht zu sehr einsperrt, denn Sie brauchen auch in einer Beziehung Ihre Freiheit!

Ihr Verstand ist zupackend und schnell. Die ersten Gedanken sind die besten. Sie denken direkt, lebhaft, persönlich, impulsiv. Wenn Sie einen Gedanken gefasst haben, sind Sie schwer davon abzubringen, und Sie werden ihn mit allen Mitteln verteidigen, auch wenn er falsch ist. Sie lieben geistige Auseinandersetzungen, die Sie sehr persönlich führen. Ihre Ideen sind ebenso eigenwillig wie originell. ... Ihr Denken verläuft exakt, methodisch, konsequent und konzentriert. Sie reden nicht so gern, und manchmal hängen Sie trüben und düsteren Gedanken nach. Doch Ihre Fähigkeit zum gründlichen und ausdauernden Studium wird Ihnen den Erfolg in einem intellektuellen Beruf ermöglichen.

Sie handeln umsichtig, diszipliniert, entschlossen und beharrlich. Haben Sie sich ein Ziel vorgenommen, gibt es kaum etwas (oder jemand), was Sie von der Erreichung des Gipfels abhält. Der "Gipfel" kann die Spitze der sozialen Pyramide bedeuten, oder die Spitze eines echten Berges. Ihr Organisationstalent und Ihr Gespür für eigene Vorteile sind phänomenal. Dennoch werden Sie sich stets auch für sozial Schwache engagieren.

Wenn Sie sich für eine Aufgabe oder einen Menschen engagieren, dann aber auch ganz. Halbe Sachen liegen Ihnen nicht. Sie wollen Geheimnissen auf den Grund gehen ... Mit ungeheurem persönlichem Engagement, mit Energie, Willenskraft und einer beinahe magischen Macht gehen Sie an Dinge, Menschen und Probleme heran. Mutig und unerschütterlich steigen Sie hinab in die Abgründe der Erde, des Meeres oder der Seele, und wenn Sie eine Lösung für ein Problem gefunden haben, dann ist es immer eine radikale Lösung.

Interessant auch seine Berufeliste. Die für ihn relevanten Berufe habe ich **fett** gedruckt. Immerhin: Er schätzte Chaplin (Schauspieler und Clown), ließ sich sogar mit ihm gemeinsam fotografieren. Einige Berufe dieser Liste gab es damals noch nicht (Computerfachmann, Informatiker). "Physiker" kommt nicht vor, wohl aber "Künstler". Und ob er ein guter Astrologe geworden wäre, steht in den Sternen!

Berufe   für: **Albert Einstein**, 14.03.1879, 11.30
Zusammenfassung: Unter Berücksichtigung aller astrologischer Daten sind Sie für diese Berufe besonders geeignet:

Beruf   Bewertung

Beruf	Bewertung
Schauspieler	————————————————————————
Computerfachmann	———————————————————————
Lehrer	———————————————————
Führer	—————————————————
Clown	—————————————————
Ökologe (Naturschützer)	————————————————
Tänzer/Tanzlehrer	———————————————
Sportler	——————————————
Manager	—————————————
Politiker	—————————————
Ingenieur	—————————————
Dompteur	—————————————
Informatiker	————————————
Archäologe	————————————
Installateur	————————————
Bergsteiger	————————————
Straßenbauer	————————————
Optimist	————————————
Sozialarbeiter	————————————
Astrologe	———————————
Kellner	———————————
Arzt	———————————
Chirurg	———————————
Militär/Polizei	———————————
Künstler	——————————
Regisseur	——————————
Florist	——————————
Tierarzt/Tierpfleger	——————————
Mathematiker	—————————
Hebammer	—————————

Alle Ereignisse, deren Geburtsstunde bekannt ist, können astrologisch erfasst werden. Das gilt für unser Thema erstaunlicherweise auch für die spezielle und die allgemeine Relativitätstheorie. Erstere erblickte das Licht der Welt am 30.6.1905 (Publikation seiner epochalen Schrift über die Elektrodynamik bewegter Körper), letztere am 6.11.1919 (Eddington übermittelt seine

Sonnenfinsternis-Daten). Was dabei herauskommt, hat zumindest mich überrascht: In beiden Horoskopen ist Neptun der stärkste Planet gegenüber der Öffentlichkeit. Und der steht für Fantasie oder Täuschung ...

Drei bedeutende Lehrbücher

Kurz nachdem Einstein berühmt geworden war - am 7. November 1919 - erschienen drei Lehrbücher der speziellen und der allgemeinen Relativitätstheorie von drei eminenten Physikern, allesamt Nobelpreisträger: MAX VON LAUE (Nobelpreis 1914), MAX BORN (Nobelpreis 1954), und WOLFGANG PAULI (Nobelpreis 1945). Ich habe ihre Bücher durchgelesen und war schockiert über den Unsinn, den diese Männer der Logik und des Wissens, manchmal gegen ihr eigenes besseres Urteil, dort veröffentlichten. Meine, gelegentlich leicht sarkastischen, Bemerkungen mögen all denen zum Trost gereichen, die noch keinen Nobelpreis erhalten haben, wozu der Autor dieses Traktats und sicher alle seine Leser zählen. Tauchen wir also ein in die Welt der verschwurbelten relativistischen Logik! (Originalzitate in *kursiv*, Original-Betonungen sind meistens g e s p e r r t)

Max von Laue: Die Relativitätstheorie (1921)

Erst mal lesen wir die obligate Lobhudelei, ohne die kein Buch über Einstein auskommen kann:

Darin liegt gerade die Kühnheit und die hohe philosophische Bedeutung des E i n s t e i n s c h e n Gedankens, dass er mit dem hergebrachten Vorurteil einer für alle Systeme gültigen Zeit aufräumt. So gewaltig die Umwälzung auch ist, zu welcher er unser ganzes Denken zwingt, so liegt doch nicht die mindeste erkenntnistheoretische Schwierigkeit in ihm.

Eine kühne Behauptung bei all den vielen logischen Widersprüchen, die heute noch, nach über 100 Jahren, lebhaft diskutiert werden. Zum Beispiel das "Zwillings-Paradoxon", das von Laue so erklärt:

Wir betrachten jetzt zwei gleiche Uhren. Beide ruhen zunächst in einem berechtigten Bezugssystem $K°$ am gleichen Ort. Die zweite beschleunigen wir sodann quasistationär, d. h. so, dass ihr innerer Zustand stets nur von der augenblicklichen Geschwindigkeit, nicht aber von der Beschleunigung abhängt.

Das ist ein wichtiger Hinweis für all diejenigen (praktisch alle), die den Widerspruch mit Hilfe der allgemeinen Relativitätstheorie, also mit Hilfe von Beschleunigungen, auflösen wollen, Und hier kommt seine Erklärung:

Diese Konsequenz der Relativitätstheorie, welche namentlich Langevin in sehr interessanter Weise weiter ausgeführt hat, erscheint trotz ihrer Unwiderlegbarkeit zunächst so paradox, dass sie sich sogar den Einwand gefallen lassen mußte, sie widerlege das Relativitätsprinzip; man könne ja daraus entscheiden, welche von den beiden Uhren in Ruhe, welche in Bewegung gewesen sei. In der Tat kann man entscheiden, welche von den Uhren dauernd in einem und demselben Bezugssystem, und welche inzwischen in zwei oder mehr solchen Systemen geruht hat. Dazwischen besteht aber auch ein wirklicher physikalischer Unterschied.

Ohne Erklärung - dabei besteht dazwischen eben *kein* Unterschied, denn ob ruhend oder gleichförmig-bewegt, egal in welcher Richtung, ist für die SRT das gleiche - gibt es keine mathematische und daher auch keine physikalische Bevorzugung eines der beiden Zwillinge.

Aber: Müssen wir überhaupt über solche Trivialitäten nachdenken? Hat nicht das Jahrhundert-Genie alles vorausgenommen? Schließlich ersparen uns Einsteins Prinzipien das eigene Denken. Das ist ohnedies nicht gefragt, denn nach von Laue gilt:

Wir wollen sogleich bemerken, dass in der Physik der Gedankengang sehr häufig von dem Kausalzusammenhang abweicht. ... gerade darin liegt der Wert so allgemeiner Gesetze, wie es das ... Relativitätsprinzip [ist], dass sie es uns ersparen, den manchmal unübersehbar verwickelten Kausalzusammenhang in allen Einzelheiten aufzuklären.

Kausalität? Wer wird sich um solche Nebensächlichkeiten kümmern, die Theorie sagt alles. Das wusste schon Einstein. Als man ihn fragte, wie er denn reagiert hätte, wären Eddingtons Messungen anders ausgefallen, antwortete er:

Dann hätte mir der Herrgott leid getan; die Theorie ist korrekt.

Na eben; auch der Herrgott hat sich den Formeln eines Genies unterzuordnen. Doch weiter im Lehrbuch. Diese Aussage finde ich besonders interessant und, endlich mal, auch im Alltag anwendbar. Zur Lösung des Ehrenfestschen Paradoxons meint von Laue:

Die Annahme eines starren Körpers ist mit der Relativitätstheorie unverträglich.

Da bin ich aber froh. Jüngst ließ ich ein Glas fallen und es zerschepperte auf dem Boden, was missbilligende Blicke und vorwurfsvolle Worte seitens meiner Gattin hervorrief. Doch ich konnte ihr erklären: Schon von Laue wusste, dass es keine starren Körper geben kann, mithin auch kein Glas, das zerbricht. War alles nur Illusion.

Laue hat sich auch die Denk- und Redeweise seines Idols angeeignet, der sich niemals festlegte. So heißt es in dem Lehrbuch zum Gegensatz "Fernwirkung - Übertragung von Kräften mit endlicher Geschwindigkeit":

Beruht die gegenseitige elektrodynamische Beeinflussung der Körper durch den leeren Raum auf Fernwirkung oder auf Übertragung durch einen „Äther" ? Dazu ist zu sagen: Die zweite Alternative widerspricht dem Relativitätsprinzip; dennoch können wir auch der ersteren nicht zustimmen.

Das ist doch mal eine richtig schöne philosophische Erkenntnis!

Max Born: Die Relativitätstheorie Einsteins und ihre physikalischen Grundlagen (1922)

Als erstes wettert Born gegen diejenigen niederen Geister, die es wagen, Einsteins Ideen zu kritisieren, mit so verqueren Argumenten wie "Logik" oder gar "gesunder Menschenverstand." Nach einem ebenso schwülstigen wie unverständlichen Elaborat über die Zeitdehnung und das daraus folgende Zwillings- oder Uhren-Paradoxon gibt Born zwar zu:

Diese Sache erscheint auf den ersten Blick hoffnungslos verwickelt.

In der Tat. Und dann? Empörung pur:

Es gibt Gegner des Relativitätsprinzips, simple Geister, die nach Anhören dieser Schwierigkeit, eine Stablänge festzustellen, empört ausrufen: »Ja, mit gefälschten Uhren kann man natürlich alles ableiten; hier sieht man, zu welchen Absurditäten der blinde Glaube an die Zauberkraft mathematischer Formeln führt«, worauf sie die Relativitätstheorie in Bausch und Bogen verdammen. Die Leser unserer Darstellung werden hoffentlich begriffen haben, dass die Formeln keineswegs das Wesentliche sind, sondern dass es sich um rein begriffliche Zusammenhänge handelt, die man auch ohne Mathematik recht gut verstehen kann; ja, man könnte im Grunde nicht nur auf die Formeln, sondern sogar auf die geometrischen Figuren verzichten und alles in den Worten der gewöhnlichen Sprache vortragen.

Und später noch einmal:

Da nun nicht die Uhr von A vor der Uhr von B vorgehen und zugleich die Uhr von B vor der Uhr von A vorgehen kann, so enthüllt diese Überlegung einen inneren Widerspruch der Theorie, so meinen die Oberflächlichen.

Wer einen Widerspruch entdeckt, ist oberflächlich! Jedenfalls verschwindet das "Paradoxon", wenn man die allgemeine Relativitätstheorie (mit Beschleunigungen) anwendet:

Das Relativitätsprinzip betrifft nur gleichförmig und geradlinig gegeneinander bewegte Systeme; auf beschleunigte Systeme ist es in der bisher allein entwickelten Form nicht anwendbar. Aber das System B ist **beschleunigt**; *es ist also nicht mit A nicht gleichwertig.*

Damit widerspricht Born Herrn von Laue, der ja behauptet hatte: *dass ihr innerer Zustand stets nur von der augenblicklichen Geschwindigkeit,* **nicht von der Beschleunigung abhängt**.

Wer hat Recht? Wirklich schön fand ich die Erklärung der Raumstauchung (Lorentzkontraktion), die ich schon im ersten Band über die SRT geschildert habe:

Wenn ich mir von einer Wurst eine Scheibe abschneide, so wird diese größer oder kleiner, je nachdem ich mehr oder weniger schief schneide. Es ist sinnlos, die verschiedenen Größen der Wurstscheiben als „scheinbar" zu bezeichnen, und etwa die kleinste, die bei senkrechtem Schnitt entsteht, als die „wirkliche" Große.

Aha! Na wenigstens wurde dieses Problem fast hundert Jahre später von Vicco von Bülow alias Loriot erneut aufgegriffen und halbwegs gelöst:

Wäre die eine Hälfte der zwei gleich großen Hälften von diesem Kosakenzipfel größer als diese kleinere Hälfte (Einwand: die absolut gleich große Hälfte), oder wäre die kleinere Hälfte (Einwand: die gleich große Hälfte) - wäre diese Hälfte etwa größer als eine von diesen beiden gleich großen Hälften?

Ja eben, genauso ist es. Born wagt sogar, Einstein zu widersprechen. Bei Born heißt es:

Die Einsteinsche Theorie ist eine höchst wunderbare Verschmelzung von Geometrie und Physik, eine Synthese der Gesetze des Pythagoras und des Newton. Sie erreicht das durch eine gründliche Reinigung der Begriffe Raum und Zeit von allen Zutaten der subjektiven Anschauung, durch die vollständigste Objektivierung und Relativierung, die denkbar ist.

Raum und Zeit sind also **objektiv**. Dazu Einstein: "*... diese Forderung der allgemeinen Kovarianz, welche dem Raum und der Zeit* **den letzten Rest physikalischer Gegenständlichkeit nehmen** ..."

Die Aussagen über die Wurst gelten auch für Gravitationsfelder:

Ein Gravitationsfeld ist an sich weder »real« noch »fiktiv«; es hat überhaupt keine von der Koordinatenwahl unabhängige Bedeutung, genau wie die Länge eines Stabes [in der speziellen Relativitätstheorie].

Nicht real, nicht fiktiv: Oh Wunder! Was dann? Und wenn die Schwerkraft nur davon abhängt, welches Koordinatensystem ich wähle - was ja schon Einstein 1916 festgestellt hat - welche Bedeutung haben dann überhaupt noch Kräfte, Berechnungen, Voraussagen?

Aber jetzt wird's happig. Denn nach Einstein, Reichenbach, Born und so manchen anderen ist es egal, ob die Erde rotiert und die Sterne unbeweglich sind (in Bezug auf das Weltall); oder umgekehrt: Die Erde steht still (wie bei den alten Griechen), und die Sterne umkreisen sie. Zusammen mit erneuten Vorwürfen gegen niedere Gemüter, die den gesunden Menschenverstand anwenden, stellt Born fest:

Gegen diese Lehre hat man Argumente des »gesunden Menschenverstandes« vorgebracht, unter andern folgendes. Wenn ein Eisenbahnzug auf ein Hindernis stößt und dadurch im Zuge alles in Trümmer geht, so kann man die Erde als Bezugsystem wählen und die (negative) Beschleunigung des Zuges für die Zerstörung verantwortlich machen; man kann aber auch ein mit dem Zuge fest verbundenes Koordinatensystem wählen, dann macht im Augenblick des Zusammenstoßes relativ zu diesem System die ganze Welt einen Ruck und es tritt überall ein parallel der ursprünglichen Bewegung gerichtetes, sehr starkes Gravitationsfeld auf, welches die Zerstörungen im Zuge verursacht. Warum fällt dann der Kirchturm im benachbarten Dorfe nicht ebenfalls um? Warum machen sich die Folgen des Rucks und des damit verbundenen Gravitationsfeldes einseitig nur im Zuge bemerkbar, während doch die beiden Sätze gleichberechtigt sein sollen: Die Welt ruht und der Zug wird gebremst der Zug ruht und die Welt wird gebremst? Die Antwort hierauf ist folgende: Der Kirchturm fällt nicht um, weil beim Bremsen seine relative Lage gegen die fernen, kosmischen Massen gar nicht geändert wird; der Ruck, den vom Zuge aus gesehen die ganze Welt erfährt, betrifft alle Körper bis zu den fernsten Gestirnen, einschließlich des Kirchturms, gleichmäßig, alle diese Körper fallen frei in dem während der Bremsung auftretenden Gravitationsfelde ausgenommen der Zug, der durch die bremsenden Kräfte am freien Fallen gehindert wird. ... dadurch entstehen Kräfte und Spannungen, die zu den zerstörenden Folgen führen.

Bin ich froh, dass der Zug am freien Fallen gehindert wird; die Folgen wären noch schlimmer als Einsteins relativer Knall! Und die fernen Sterne, die mathematisch unendlich weit entfernt sind, wissen genau, dass der Kirchturm steht und der Zug nicht? Clevere Biester. Aber wieso drehen sie sich wesentlich schneller als das Licht um die Erde? Das geht so:

Man kann bekanntlich immer ein solches Bezugsystem wählen, dass in der unmittelbaren Umgebung eines beliebigen Weltpunkts Minkowskis Weltgeometrie herrscht, also die Geometrie euklidisch ist, kein Gravitationsfeld besteht ... Sobald Gravitationsfelder herrschen, kann natürlich [?] jede Geschwindigkeit, sowohl die materieller Körper als auch die des Lichts, jeden numerischen Wert annehmen.

Materielle Körper, in diesem Fall: weit entfernte und keineswegs lokale Sterne, können also beliebig schnell werden ??? Man lernt nie aus!

Wolfgang Pauli: Relativitätstheorie (1921)

Die erste Regel der Logik lautet: Wenn ich "A" behaupte, kann ich nicht gleichzeitig "nicht-A" sagen, das wäre ein logischer Widerspruch und würde alle meine sonstigen Aussagen zunichte machen. Pauli scheint von Logik nichts verstanden zu haben, denn er widerspricht diesem Prinzip. Auf S. 558 sagt er über die Zeitdilatation:

Der Einfluss der Beschleunigung auf den Gang der Uhr kann vernachlässigt werden,

Und ein paar Sätze weiter, auf der gleichen Seite:

Der Einfluss der Beschleunigung auf eine Uhr [kann] **nicht** *vernachlässigt werden.*

Oha! Lese ich hier in einem ernst gemeinten Lehrbuch eines ernsthaften Gelehrten, oder in einem Kinderbuch über die Abenteuer der kleinen Alice im Wunderland? Dazu gleich ein Zitat von einem meiner Lieblingsautoren, CHRISTIAN MORGENSTERN. In der "Unmöglichen Tatsache" heißt es:

Und also schließt er messerscharf,
dass nicht sein <u>kann</u>, was nicht sein <u>darf</u>.

Dazu Pauli:

Die Abrahamsche Auffassung ist zwar mit dem Michelsonschen Versuch im Einklang, steht aber im Widerspruch mit dem Relativitätspostulat, da sie prinzipiell Versuche zuläßt, welche die „absolute" Bewegung eines Systems zu bestimmen gestatten.

Auf deutsch: Die Experimente (der Michelson-Morley-Versuch) zeigen zwar, dass Abraham recht hat. Er kann aber nicht recht haben, denn sonst könnte man Versuche durchführen, welche Einstein widerlegen!

Zur leidigen Affäre mit Gerber meint Pauli:

Neuerdings wurde wiederholt ein älterer Versuch von P. Gerber diskutiert, die Perihelbewegung des Merkur durch die endliche Ausbreitungsgeschwindigkeit der Gravitation zu erklären, der jedoch als theoretisch völlig missglückt bezeichnet werden muss. Er führte nämlich — aber auf Grund von falschen Schlüssen — zwar zur richtigen Formel, jedoch ist zu betonen, dass auch damals an dieser nur der Zahlenfaktor neu war.

Die "endliche Ausbreitungsgeschwindigkeit der Gravitation" wurde von Gerber *abgeleitet*, von Einstein dagegen *vorausgesetzt*. Nach Pauli ist die Formel erst mal falsch abgeleitet, wofür der Beweis schuldig bleibt; und dann ist sie nicht neu - die von Einstein aber schon?

Die ursachenfreie Lorentzkontraktion - schnell bewegte Körper ziehen sich zusammen, ohne Krafteinwirkung, ohne dem Körper zu schaden (Beton oder Glas machen klaglos mit), wird von Pauli bestätigt:

Die Relativbewegung ist die Ursache der Kontraktion.

Immerhin geht Pauli als einer der wenigen deutschen Autoren auf die Verletzung des Energie-Erhaltungsprinzips durch die ART ein, wenn auch auf Einsteinsche Art (einerseits - andrerseits, ist ja auch egal):

Dass sich [die Gravitation] im allgemeinen nicht in endlichen Bereichen wegtransformieren lässt, die [Zentrifugalkraft] aber wohl, tut nichts zur Sache.

Dieser Satz ist eine richtige Zumutung. Denn erstens stützt sich die ART auf die Gleichheit von Gravitation und Beschleunigung. Dieses Prinzip tut sehr wohl was zur Sache; es ist die Grundlage der Theorie. Und zweitens verletzen

Einsteins Formeln eines der elementarsten Prinzipien der Physik, die Erhaltung der Masse-Energie. Was soll's: Tut nichts zur Sache!

Immerhin ist Pauli ehrlich genug, noch einmal darauf zurückzukommen:

Bei näherer Prüfung wurden jedoch große Schwierigkeiten offenbar ... Sie rühren letzten Endes daher, dass die t_{ik} keinen Tensor bilden. Da diese Größen von höheren Ableitungen der g_{ik} als den ersten nicht abhängen, kann man sofort schließen, dass sie durch geeignete Koordinatenwahl (geodätisches Bezugssystem) in einem beliebig vorgegebenen Weltpunkt zum Verschwinden gebracht werden können.

Es gilt aber noch mehr: Schrödinger fand, dass für das Feld eines Massenpunktes ... alle Energiekomponenten identisch verschwinden. Das Resultat lässt sich auch auf das Feld einer geladenen Kugel ausdehnen. Andererseits zeigte Bauer, dass durch bloße Einführung von Polarkoordinaten in das euklidische Linienelement der speziellen Relativitätstheorie die Energiekomponenten von Null verschiedene Werte annehmen, es wird dann sogar die Gesamtenergie unendlich!

Und jetzt? Müssen wir damit leben? Aber nein; der Meister selbst fand die Lösung:

Die endgültige Klärung des Sachverhaltes brachte schließlich Einsteins Arbeit „Der Energiesatz in der allgemeinen Relativitätstheorie". Es wird hier der Beweis erbracht, dass die Werte für Gesamtenergie und Gesamtimpuls eines abgeschlossenen Systems in ziemlich weitgehendem Maße vom Koordinatensystem unabhängig sind, obwohl die Lokalisation der Energie in den verschiedenen Koordinatensystemen im allgemeinen völlig verschieden ausfällt. ... Man muß hiernach zwar den Werten der t^i_k selbst jede physikalische Bedeutung absprechen ... Aber die Integralwerte haben einen bestimmten physikalischen Sinn.

Aber auch das geht nicht, denn die Integration erstreckt sich über das gesamte Universum, was nicht möglich ist, da gerade die entfernten Sterne entscheidenden Einfluss auf das Geschehen ausüben, indem sie das Machsche Prinzip überhaupt erst ermöglichen. Eine Integration ist ohnedies nur bei einem begrenzten Universum mit elliptischer Geometrie möglich.

Und was sagte Einstein zu dieser Darstellung seiner eigenen Gedanken? Dies:

Wer dieses reife und gross angelegte Werk studiert, möchte nicht glauben, dass der Verfasser ein Mann von einundzwanzig Jahren ist. Man weiss nicht, was man am meisten bewundern soll, das psychologische Verständnis für die Ideenentwicklung, die Sicherheit der mathematischen Deduktion, den tiefen physikalischen Blick, das Vermögen übersichtlicher systematischer Darstellung, die Literaturkenntnis, die sachliche Vollständigkeit, die Sicherheit der Kritik. A. Einstein. Naturwiss. 10, 184-185 (1922)

Vielleicht die Logik.

Kreative Kosmologie: Einsteins Universen

In der allgemeinen Relativitätstheorie können diese Fragen über die Unendlichkeit von Raum und Zeit gestellt und auch teilweise auf einer empirischen Grundlage beantwortet werden. Werner Heisenberg

Einsteins Formel erlaubte in ihrer Unbestimmtheit jede Menge Lösungen, die als Grundlage eines spekulativen Weltalls dienen konnten. Schon Newton hatte eine allumfassende Formel für die Gravitation gefunden. Einstein fügte Raum und Zeit als variable Größen ein, die gekrümmt, verbogen verformt, in sich geschlossen oder, meinetwegen, auch flach sein konnten. Was aber ziemlich langweilig war.

So machten sich die mathematisch gebildeten Gelehrten (Astronomen und Physiker) daran, aus Einsteins Formeln Universen unterschiedlichster Art zu formen, und zwar so wie die alten Griechen: Ohne manuelle Arbeit, allein aus Überlegungen (und Rechnungen) im Lehnstuhl. Dabei ergaben sich recht erstaunliche Dinge. So führte eine einfache, kleine, formlose Masse mutter- und vaterseelenallein im großen Universum zu einer seltsamen Singularität, das ist ein physikalisch nicht haltbarer Zustand, weil irgendwas dabei unendlich wird und in diesem Fall das ganze Weltall zu Bruch gehen müsste. Was die Theoretiker nicht weiter störte. Diese nach ihrem Entdecker "Schwarzschild-Singularität" genannte unmögliche Tatsache erhielt später den Namen "Schwarzes Loch" und avancierte zum Liebling von Science-Fiction-Autoren, Filmschaffenden und TV-Popularisierern. Deswegen fangen wir auch damit an.

(1) Leere Welten (SCHWARZSCHILD)

Im November 1916 veröffentlichte Albert Einstein seine berühmte Formel zur Beschreibung der Welt, eine äußerlich einfache, in Wirklichkeit äußerst komplizierte Gleichung. Bereits einen Monat später schickte der deutsche Astronom und Mathematiker KARL SCHWARZSCHILD mitten von der Kriegsfront eine Lösung dieser Gleichung an Einstein. Schwarzschild hatte sich das einfachste vorgestellt, was es gibt: **einen einsamen Stern mitten in einem All voller Leere**. Und seine Lösung beschrieb genau die Raum-Zeit-Struktur um den Stern. Einstein war begeistert. Zunächst.

Doch eine Seltsamkeit beunruhigte ihn (wie sich später herausstellte: ein ganzes Leben lang): In Schwarzschilds Formeln gab es eine Entfernung vom Zentrum des Sterns, innerhalb derer die Physik Amok lief. Alles drehte sich um: Raum wurde zu Zeit und floss unerbittlich einem Ziel zu. Zeit wurde zu Raum und damit "begehbar" (auch in die Vergangenheit). Die Fliehkraft wirkte plötzlich nach innen, und vieles mehr. Es schien, als hätte Einstein in seiner magischen Formel ein Anti-Universum versteckt, eine Höllenwelt wie bei Hieronymus Bosch, um den normalen Bürgersinn zu narren und zu schockieren.

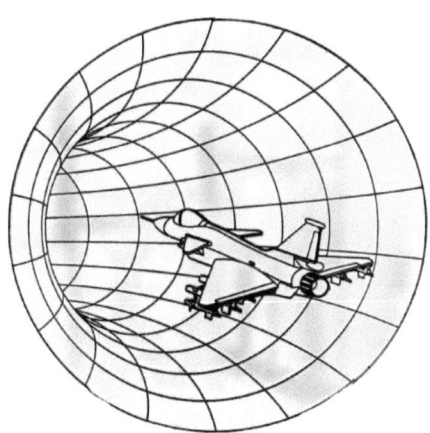

$$ds^2 = g_{\mu\nu}dx^\mu dx^\nu = -c^2\left(1 - \frac{r_s}{r}\right)dt^2 + \frac{1}{1 - \frac{r_s}{r}}dr^2 + r^2 d\theta^2 + r^2\sin^2(\theta)d\phi^2$$

Ein Schwarzes Loch, darunter die Formel dafür

Immerhin: Es war höchst unwahrscheinlich, dass dieser Radius (nach seinem Entdecker *Schwarzschild-Radius* genannt) jemals unterschritten würde. Bei einer Masse vom Gewicht der Erde betrüge dieser Radius 1 cm. Die Erde müsste also auf weniger als 1 cm Größe zusammengepresst werden, damit Schwarzschilds seltsame Welt Wirklichkeit würde. Und das ist unmöglich. Aber wie steht's bei einem Stern? Die Sonne müsste auf weniger als 3 km Durchmesser schrumpfen, das wäre ihr Schwarzschild-Radius. Immerhin, Sterne bestehen aus ziemlich wenig, sind sozusagen aufgeblasene heiße Luft. Könnte es sein, dass ein sehr großer Stern aus irgendeinem Grund in sich zusammensackt und so klein wird, dass er sich innerhalb seines Schwarzschild-Radius versteckt? Und was dann?

Tatsächlich war die Furcht eher unbegründet, denn Schwarzschild hatte gar keinen Abstand, sondern eine *Krümmung* berechnet. Die wird als Radius eines Kreises angegeben, der den gekrümmten Körper tangential berührt. Je kleiner r, desto stärker die Krümmung. Erst der Mathematiker David Hilbert gab diese andere Deutung, an der sich nun die Physiker ihre mathematischen Zähne ausbeißen. (Literatur: "Abrams"). Aber zurück zu Einstein.

Einstein wurde nicht müde, immer wieder in Publikationen zu beweisen, dass es die "mathematische Katastrophe" (so der offizielle Ausdruck) in Wirklichkeit nie geben kann. Heute werden diese "Katastrophen" offiziell anerkannt und angeblich auch immer wieder gefunden. Seit ARCHIBALD JOHN WHEELER ihnen einen höchst griffigen Namen gab, kennen wir alle jene mathematische Katastrophe aus der Fachliteratur und aus eindrucksvollen Fotos des Hubble-Weltraumteleskops: Er nannte sie ein *Schwarzes Loch* (weil es alles verschluckt, auch Licht). Einstein, der Zauberer, hatte Geister gerufen, die er nicht wollte und die er nicht mehr los wurde.

Also, was ist ein Schwarzes Loch? Am besten beschreibt man es durch seine Wirkungen: Überschreitet ein unvorsichtiger Raumfahrer den **Horizont** des Schwarzen Lochs (den Schwarzschild-Radius), verwandelt sich der Raum in Zeit. Die Zeit aber schreitet unerbittlich voran, von der Vergangenheit in die Zukunft. Und das geschieht nun mit dem Raum, der den Raumfahrer umgibt: Er bewegt sich unaufhaltsam in Richtung Zentrum, und keine Kraft der Welt kann die Fahrt in den Schlund der Hölle aufhalten. Im Inneren wird alles zerquetscht, in seine Urbestandteile zerlegt, als kosmische Schlacke angelagert und für alle Zeiten vor den Blicken der Zuschauer versteckt.

Wir dürfen dabei nie vergessen, dass dieser "Horizont" (eine gedachte Kugelschale um das Schwarze Loch) nicht real existiert, sondern nur ein Artefakt der Berechnung darstellt, so wie die Unendlichkeitsstelle der Funktion "$y = 1/(1-x)$" an der Stelle $x = 1$ verschwindet, wenn wir ein wenig nach rechts oder nach links rücken. In gewisser Hinsicht ähnelt dieser Horizont dem Pentagramm der Okkultisten, von dem Goethe in seinem "Faust" schon sagt:

Mephistopheles: Gesteh' ich's nur! dass ich hinausspaziere / Verbietet mir ein kleines Hinderniß, / Der Drudenfuß auf eurer Schwelle –

Faust: „Das Pentagramma macht dir Pein?

So ist's. Wer drin ist, kommt nicht mehr raus! Das Schwarze Loch kommt unserer Vorstellung von einer Hölle so nahe wie kein anderes wissenschaftliches Konzept. Darin liegt seine Faszination. Vor allem gibt es eine seltsame Schlussfolgerung aus Einsteins Gleichungen, die den Höllensturz ins Gegenteil verkehrt: Ein Mensch, der in ein Schwarzes Loch stürzt, kommt - ins Paradies! Mehr davon im Kapitel über "Wurmlöcher" (siehe (5) Verbundene Welten).

Kommentar. Im Jahre 1939 beschäftigte sich Einstein mathematisch mit der Bewegung von Sternen in einem Kugelsternhaufen. Dabei kam er zu dem Schluss:

*"Das wesentliche Ergebnis dieser Untersuchung ist ein klares Verständnis dafür, warum die "Schwarzschild-Singularitäten" in der physikalischen Realität **nicht** existieren."*

Der Grund: Materie kann nicht beliebig zusammen gepresst werden, sonst würden Materieteilchen mit Lichtgeschwindigkeit durch die Gegend fliegen. Einstein lehnte, aus weiser physikalischer Intuition, das Geschöpf aus seinen Formeln ab, im Gegensatz zu den anderen Physikern, die sich um seine Meinung nicht scherten. Da, wo Einstein einen Irrtum zugab, nahmen andere seine Idee auf und machten etwas Großes daraus, ohne Rücksicht darauf, was der Meister davon hielt.

Weil Einstein Schwarze Löcher für physikalisch unsinnig hielt, rückte er später auch von der Idee ab, es gäbe Gravitationswellen. Denn die können ohne Schwarze Löcher kaum entstehen.

(2) Kompakte Welten (KALUZA & KLEIN)

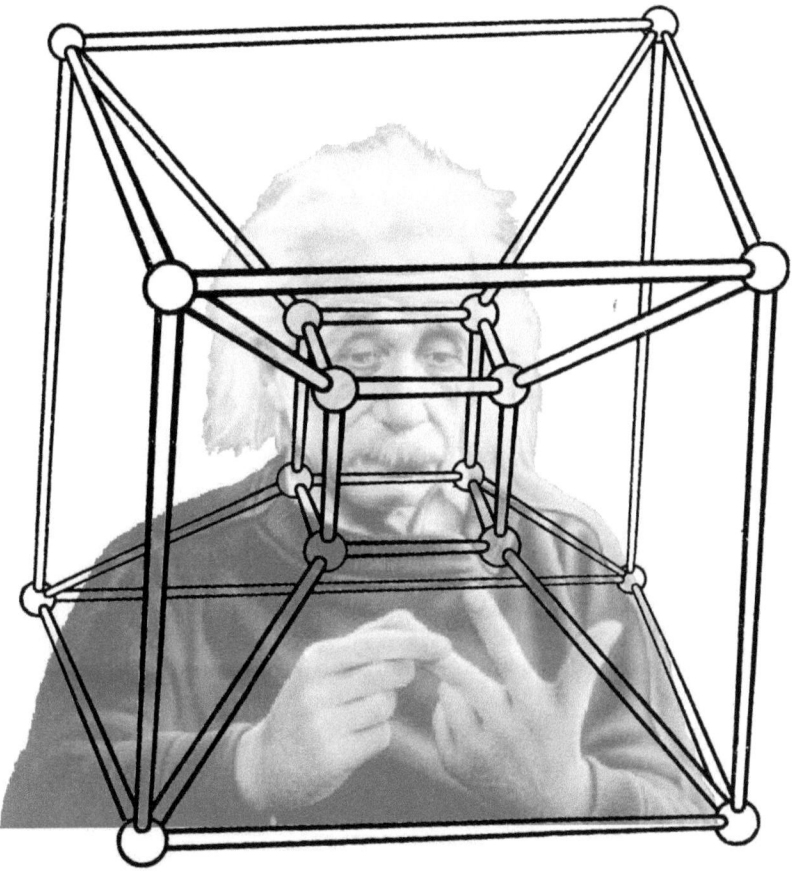

Wieviele Dimensionen hat die Welt? Fünfe sind's, wenn's euch gefällt!

Wenn wir hier von "Dimensionen" sprechen, dann meinen wir immer die Formel $n + 1$, d.h. n Raumdimensionen (üblicherweise: 3) und eine Zeitdimension, also insgesamt vier. Die Zeitdimension ändert sich nie, denn gäbe es mehr als eine, kämen all die Zeitreise-Paradoxien zum Tragen. Dann könnten wir uns in der Zeit so bewegen wie im Raum, also die Vergangenheit ändern, auch so, dass die Gegenwart geändert wird, sodass die Vergangenheit sich wieder ändert, sodass ... ein unauflösbarer Kreis.

Es waren immer die Mathematiker, die furchtlos und unbedacht der physikalischen Implikationen Dimensionen hinzufügten. Das tat schon der Mathematiker Minkowski, der Zeit und Raum zu einem vierdimensionalen Kontinuum verschmolz, was Einstein zunächst gar nicht gefiel. Doch später übernahm er das Konzept erfolgreich für seine Allgemeine Relativitätstheorie. So war es wieder ein Mathematiker, der eine echte Raum-Dimension hinzufügte. Der Mathematiker THEODOR KALUZA aus Königsberg (1885-1954) erweiterte Minkowskis Welt um **eine vierte Raumdimension**, um auch die zweite damals bekannte Kraft, den Elektromagnetismus, durch reine Geometrie zu erklären. Es gelang ihm. Indem Kaluza eine weitere Raumachse einführte, konnte er durch "Verbiegung" dieser vierten Dimension Effekte hervorrufen, die man sonst nur durch Annahme von elektrischen und magnetischen Kräften erklären kann. Einsteins Raumzeit war jetzt fünfdimensional.

Kaluza schickte das Manuskript 1919 an Einstein, und der Meister war so begeistert, dass er dessen Veröffentlichung befürwortete. Und damit, könnte man meinen, wäre der Durchbruch zu höheren Dimensionen gelungen. Doch das war eine Täuschung, denn es stellte sich gleich heraus: Eine vierte Dimension kann es nicht geben!

Der Grund liegt in den Naturgesetzen, vor allem im Wirkungsbereich von Kräften. In höherdimensionalen Räumen müssten Schwerkraft und elektrische Anziehungskraft viel schneller mit der Entfernung abnehmen. Gäbe es also eine echte vierte Dimension, dann könnte unsere Welt nicht existieren, weil alles auseinander fliegen würde.

War damit der schöne Traum von der geometrischen Beschreibung der Natur ein für allemal ausgeträumt? Keineswegs. Der schwedische Physiker OSKAR KLEIN fand 1926 eine geniale Lösung. Seine Idee: Verstecken wir doch einfach die Zusatzdimension. Rollen wir sie zusammen, bis sie einen winzig kleinen Kreis bildet - so klein, dass sie niemanden stört und normalerweise auch nicht entdeckt werden kann. Die Formeln bleiben, aber die Einwände verschwinden.

Das gelang tatsächlich. Jeder Punkt unserer Welt enthält also noch diese zusammengerollte Zusatzdimension, aber ihr Radius von 10^{-33} Zentimetern ist so winzig, dass wir ihn auch mit den stärksten Geräten nicht entdecken können. Selbst ein Proton ist 1 000 000 000 000 000 000-mal größer!

Mit Unterstützung Einsteins wurde Kaluzas Arbeit 1921 in dem Werk "Sitzungsberichte der Preußischen Akademie der Wissenschaften" veröffentlicht. Der große Erfolg der sich entwickelnden Quantenmechanik ließ jedoch in den kommenden Jahren diese Arbeit allmählich in den Hintergrund des wissenschaftlichen Interesses treten. Einstein äußerte vorsichtig, aber anerkennend: *"Ob sich Kaluzas Idee bewähren wird, kann man noch nicht sagen, Genialität wird man ihr zuerkennen müssen."*

Seine Idee schlummerte im wissenschaftlichen Winterschlaf, bis zum nächsten Frühling. Da trugen seine Ideen ungeahnte Früchte: Aus 5 Dimensionen wurden 23. Doch das ist eine andere Geschichte, die wir in Kapitel (7) über "Vibrierende Welten" erzählen.

Kommentar: Kaluzas Lösung war extrem elegant, was Einstein gefiel. Der Zeitgeist sprach damals dagegen, zumal neue Kräfte im Innern der Atome entdeckt wurden, die durch Kaluzas Formeln nicht erfasst wurden.

(3) Statische Welten (EINSTEIN)

Als Einstein zusammen mit den großen Physikern seiner Zeit daranging, die Konsequenzen seiner 1915 gefundenen Formeln zur Beschreibung der Welt zu erforschen, da erkannte er ihre Unvollständigkeit. In einer unendlich großen Welt voller Massen wird die Schwerkraft in jedem Punkt unendlich: Nichts kann sich mehr rühren. Oder, noch schlimmer, die Welt bricht in sich zusammen. Das hatte schon Newton befürchtet. Newtons Lösung war seiner Zeit angemessen, wäre aber für Einstein wohl kaum tragbar: Gott greift gelegentlich ein, indem Er wieder alles gerade richtet. Also muss die Welt stabilisiert werden. Und das geht bei Einstein ganz ohne Magie, einfach durch Ändern der Formel.

1917 fand der Meister selbst eine Lösung, in der das Weltall entweder expandieren oder kontrahieren müsste. Einstein lehnte seine eigene Lösung ab; das Universum war statisch, das wusste schließlich jeder. So "reparierte" er seine Gleichung durch Hinzufügen eines Korrekturgliedes, der berühmt-berüchtigten **kosmologischen Konstante** Λ ("Lambda"), welche das Weltall stabilisieren sollte. Vor dem Zusammenbruch muss eine Kraft wirken, die der Schwerkraft entgegenwirkt, also eine Art Anti-Schwerkraft: Die Körper des Kosmos werden voneinander abgestoßen wie gleichnamige elektrische Ladungen oder gleichpolige Magnete. Dabei hatte Einstein solche

Reparaturarbeiten in dem Buch "Autobiographisches" aus dem Jahr 1938 selber abgelehnt: *"Man kann immer an einer allgemeinen theoretischen Grundlage festhalten, indem man durch künstliche zusätzliche Annahmen ihre Anpassung an die Tatschen möglich macht."* Die Sache war ohnedies überhastet, wie sich bald zeigte:

1922 entdeckte Einsteins Kollege ALEXANDER FRIEDMANN, dass man die Kosmologische Konstante gar nicht braucht, wenn man annimmt, dass die Welt nicht statisch in sich ruht, sondern sich ausdehnt oder zusammenzieht. Einstein entfernte sofort das anstößige Glied aus seiner Gleichung, und er gestand, dass ihre Einführung **der größte Fehler in seinem Leben** gewesen wäre. Denn kurz nach Friedmanns theoretischer Entdeckung wurde durch die Untersuchungen von EDWIN HUBBLE klar, dass das Universum tatsächlich expandiert. Heute weiß und akzeptiert das jeder - doch 1915 war ein solches Weltall undenkbar. Es entsprach nicht dem Zeitgeist.

Nun könnten wir das Kapitel abschließen. Einstein hat einen Irrtum begangen und ihn sofort korrigiert. Aber: Wenn ein Genie einen Geist aus der Flasche zaubert, lässt sich der nicht so leicht wieder einsperren. In jüngster Zeit haben die Kosmologen nämlich die kosmologische Konstante wieder hervorgekramt und, ähnlich wie damals Einstein, wiederum als Zaubermittel gegen alle möglichen Ungereimtheiten, als da sind:

- Warum ist das Universum homogen? Wenn es ursprünglich, kurz nach dem Urknall, ganz klein war, dann sollte es durch damalige Fluktuationen heute viel unregelmäßiger aussehen. Lösung: In einer Phase der gigantischen "Inflation" (Aufblähung) in seiner Frühzeit glich der Ur-Feuerball alle Unregelmäßigkeiten aus. Dazu aber braucht man eine abstoßende Kraft - und die ist in der kosmologischen Konstante enthalten.

- Die "Einheitstheorien" versuchen, alle Kräfte einheitlich zu beschreiben. Alle vier Kräfte dieser Welt (Gravitation, Elektromagnetismus, schwache und starke Kernkraft) sind demnach aus einer einzigen Urkraft durch "Symmetriebrechung" hervorgegangen. Jedoch: Bei einer solchen Symmetriebrechung tritt kurzzeitig eine starke Antigravitation auf - die kosmologische Konstante feiert fröhliche Auferstehung!

- Wegen der Irregularität weit entfernter Supernovae nehmen Kosmologen an, dass das Weltall sich beschleunigt ausdehnt. Auch dazu könnte eine Antigravitation, eine allumfassende Abstoßungskraft, gute Dienste leisten.

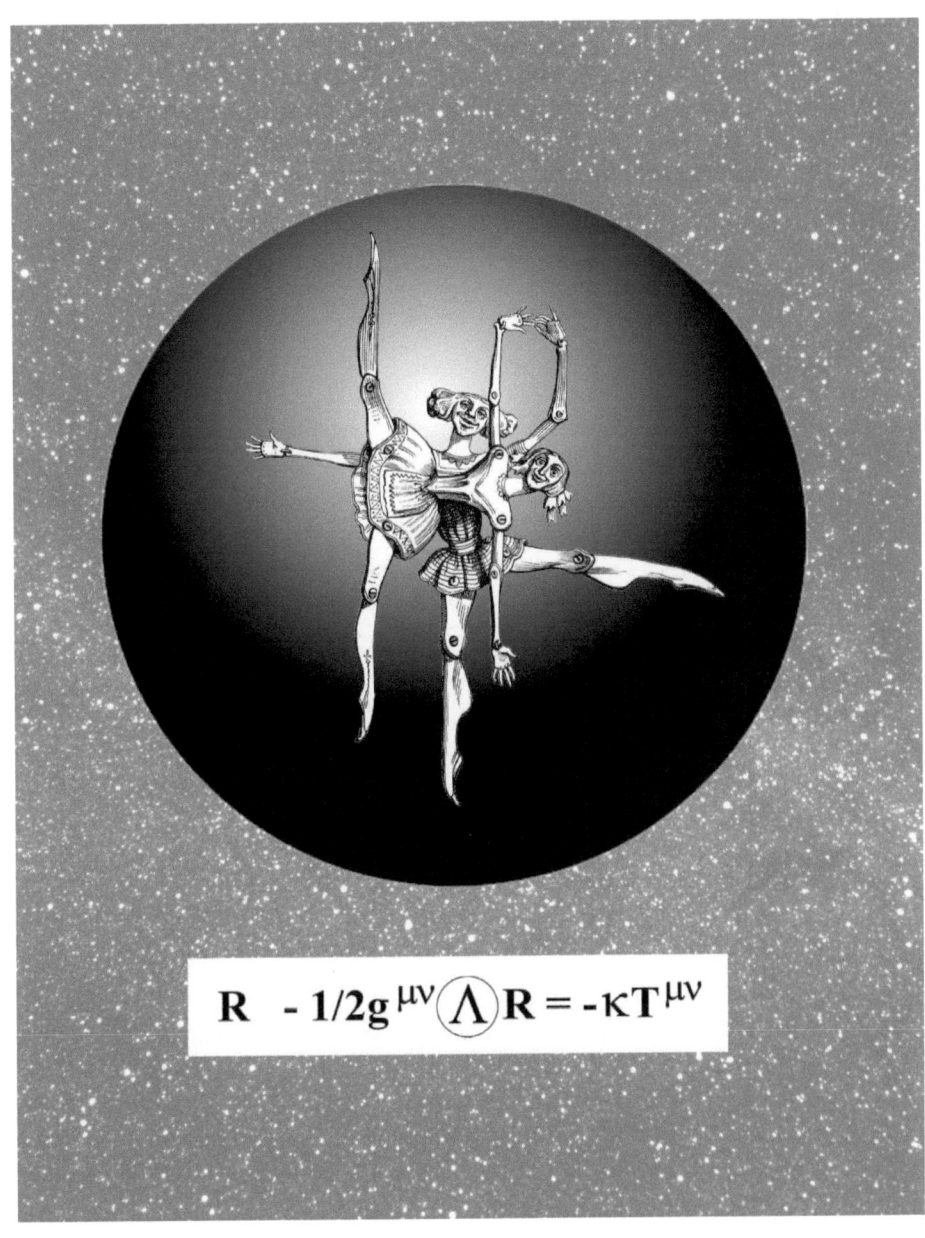

$$R - 1/2g^{\mu\nu} \Lambda R = -\kappa T^{\mu\nu}$$

Das Universum dehnt sich NICHT aus, dank der kosmologischen Konstante

Kommentar: Was ist die Ursache dieser Abstoßungskraft? Weder ergibt sie sich in irgendeiner Form aus den bekannten Tatsachen oder Formeln, noch aus Einsteins eigener Theorie. Handelt es sich beim ominösen Lambda etwa um einen der zahlreichen "Epizyklen", die Ptolemäus vor mehr als 2000 Jahren einführte, nur damit die Planetenbahnen im geozentrischen Weltsystem mit der Wirklichkeit übereinstimmen?

(4) Dynamische Welten (FRIEDMANN)

Wissenschaftlich untermauerte Gedanken über die Entstehung der Welt begannen, wie so vieles in der Wissenschaft des 20. Jahrhunderts, mit Albert Einstein. Seine Allgemeine Relativitätstheorie erlaubte zum ersten Mal, die Gesamt-Struktur des Weltalls zu berechnen. Und aus seinen Formeln ergab sich: Das Weltall kann nicht still stehen. Entweder es dehnt sich aus, oder es zieht sich zusammen. Weil zur gleichen Zeit der Astronom EDWIN HUBBLE einen Zusammenhang zwischen Rotverschiebung und Entfernung einer Galaxis entdeckte, deutete man diese Rotverschiebung als einen "Doppler-Effekt", d.h. als Galaxienflucht: Alle Milchstraßensysteme fliehen vor uns, je weiter weg, um so schneller.

Verfolgt man diese Flucht in die Vergangenheit zurück, so gibt es einen Zeitpunkt, an dem alle Materie des Weltalls in einem einzigen Raumpunkt konzentriert war. Jetzt gingen die Kosmologen umgekehrt vor: Sie errechneten die Entwicklung der Welt von diesem Punkt an (vor ca. 15 Milliarden Jahren; die Schätzungen schwanken stark.). Am Anfang muss die Welt in einem Feuerball konzentriert gewesen sein - das jedenfalls meinte als erster der belgische Abbé GEORGES LEMAÎTRE (1927). Einstein lehnte diese Lösung ab ("abscheulich").

1922 fand der russische Astronom ALEXANDER ALEXANDROWITSCH FRIEDMANN eine Lösung, bei der sich das Universum ebenfalls ausdehnt und nachher wieder kollabiert. Geschätzte Periode der Expansion/Kontraktion: zehn Milliarden Jahre - ein Wert, der den Vorstellungen der Urknallhypothese erstaunlich nahe kommt. Einstein lehnte diese Lösung ab ("unrealistisch"). 1929 entdeckte Hubble die Rotverschiebung der Galaxien, die sofort als Ausdehnung des Weltalls gedeutet wurde. Einstein war bekehrt, schämte sich für sein Korrekturglied und bat Friedmann um Verzeihung.

Kommentar: Was ist am Urknall-Modell eigentlich so attraktiv? Antwort: Es ist einfach, was alle Naturwissenschaftler erfreut. Und es ist dynamisch, was dem Zeitgeist entspricht. Vor allem aber: Es spiegelt unsere religiösen Mythen wider. Denn der Urknall läuft fast genauso ab wie der biblische Schöpfungsbericht. Womit wir wieder beim Zusammenhang zwischen moderner Physik und uralter Religion sind. Beide finden ihre Klammer in *Mythen*, in diesem Zusammenhang in den Entstehungsmythen der Welt, mit all den Fragen, die sich daraus ergeben: Was war davor? Wer hat die Schöpfung bewirkt? Wozu ist die Welt gut? Könnte sie auch ganz anders aussehen? Und: Wie wird sie enden?

(5) Rotierende Welten (GÖDEL)

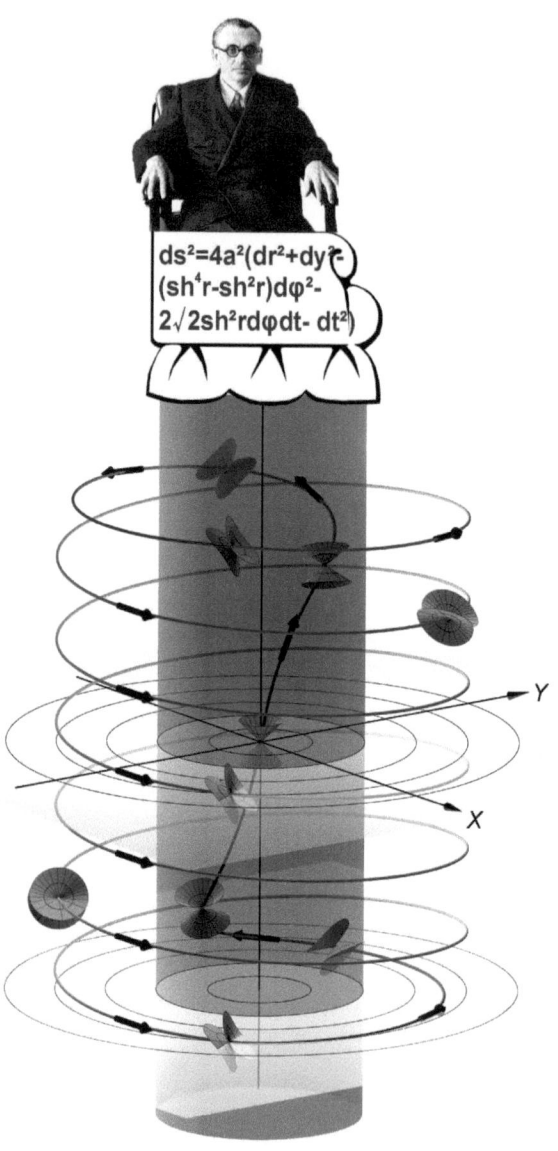

$$ds^2=4a^2(dr^2+dy^2-(sh^4r-sh^2r)d\varphi^2-2\sqrt{2}sh^2rd\varphi dt-dt^2)$$

Sie hätten das Traumpaar einer Comedy-Serie sein können. Denn wenn jemand die beiden auf ihrem täglichen gemeinsamen Spaziergang sah, konnte er ob solcher Kontraste nur lächeln oder sich wundern. Der eine war jovial und lebenslustig, der andere streng und asketisch. Der eine bestach durch sein wirres, weißes Haar und seine lustigen Augen, der andere durch seinen strengen Scheitel und den intensiven Blick. Der eine lief in schäbigen Hosen und ohne Socken herum, der andere stets in Anzug und Krawatte, selbst im heißesten Sommer. Der eine liebte das Leben und die Frauen, der andere lebte nur in abstrakten Symbolen. Die Rede ist von Albert Einstein und KURT GÖDEL (1906-1978). Den einen halten die meisten für das größte Physik-Genie des 20. Jahrhunderts, den anderen für das größte Mathematik-Genie der gleichen Zeit. Den einen kennt (und feiert) alle Welt, den anderen hat sie vergessen, und das ganz zu Unrecht.

Zu Einsteins 70. Geburtstag schenkte Gödel ihm etwas Besonderes und gleichzeitig Typisches: eine Formel. Aber es war eine besondere Formel. Gödel gelang die bisher komplexeste Lösung der Einsteinschen Gleichungen zur Gravitationstheorie. Einsteins Gleichungen sind höllisch kompliziert, und es bedarf schon eines besonderen Geistes, bei der Lösung dieser ineinander verzahnten Gleichungen nicht den Überblick zu verlieren und nichts zu übersehen.

Doch dieses Geschenk wurde vom Meister keineswegs mit der Freude aufgenommen, die der Schenker bei seiner Fertigung hatte. Albert Einstein war "not amused", ohne dass er das so richtig sagen konnte, denn ein Geschenk nimmt man immer mit dankbarem Lächeln an, besonders, wenn es von seinem besten (und vermutlich einzigen) Freund kommt. Der Grund für Einsteins Missbehagen: In Gödels Universum sind **Zeitreisen** möglich, wie Gödel selbst ausdrücklich feststellte. Und Zeitreisen machen die ganze Wissenschaft zunichte, denn durch sie wird eine Reihe von Paradoxien möglich, die jede Form von Kausalität über den Haufen werfen (siehe Kasten: Zeitreise-Paradoxien).

Was hat es nun mit Gödels Universum auf sich? Gödel wusste, dass alles im Universum rotiert, sich um irgendetwas dreht. Warum dreht sich dann nicht, so seine Überlegung, das gesamte Universum um eine imaginäre Achse im vierdimensionalen Raumzeitgefüge? Er nahm, grob vereinfachend, an, die Massen im Universum seien gleichmäßig verteilt und bildeten eine Art "Supermasse". Diese rotiert in einer Art Superzylinder wie die Flüssigkeit in einem Eimer. Und zwar Raum *und* Zeit! Formelmäßig ist das möglich, doch die Folgen eines rotierenden Universums sind dramatisch: In ihm sind, wie gesagt, Zeitreisen möglich.

Warum Zeitreisen nicht möglich sein dürfen: ihre Paradoxien

Das **Großvater-Paradoxon** (von weniger zart besaiteten Zeitgenossen auch als "Vatermord-Paradoxon" bezeichnet) besteht darin, dass der Zeitreisende in der Vergangenheit seinen Großvater erschießt (oder seinen Vater!) und damit seine eigene Zeugung bzw. Geburt verhindert. Da er nun nicht geboren wird, existiert er auch nicht, kann also gar nicht in die Vergangenheit reisen, um seinen Großvater zu erschießen. Also existiert er doch, also kann er doch ... ad infinitum. Das Paradoxon tauchte in dieser Form erstmals 1933 in der SF-Erzählung "Ancestral Voices" von NAT SCHACHNER auf.

Das **Informations-Paradoxon** hat der Science-Fiction-Autor ANTHONY BURGESS in seiner herrlich absurden Geschichte "Die Muse" am besten veranschaulicht. Ein Shakespeare-Verehrer besteigt eine Zeitmaschine, beladen mit sämtlichen Werken seines Idols, und sucht den Meister persönlich auf, zwecks Autogramm-Sammlung. Doch Shakespeare, in Wirklichkeit ein fauler, nichtsnutziger und völlig unbegabter elisabethanischer Playboy, nimmt ihm alle Bücher weg - und schreibt seine eigenen Werke ab. So erhebt sich nun die bange Frage: Wer hat Shakespeares Werke ursprünglich verfasst?

Mehr dazu in meinem Buch "Zeitreisen".

Man muss sich das so vorstellen: In einem vierdimensionalen Universum ist die Bahn eines Teilchens vierdimensional. Schließt sie sich im gewöhnlichen (dreidimensionalen) Raum, entsteht eine Kreisbahn. Schließt sie sich aber in der vierten Dimension, entsteht eine **Zeitschleife**: Der Wanderer entlang dieser Bahn kann in seine eigene Vergangenheit zurückkehren, mit all den bekannten fatalen Folgen für Kausalität und gesunden Menschenverstand. Solche "zeitartig in sich geschlossenen" Bahnen sind in Gödels Universum möglich. Zwar braucht ein Zeitreisender sehr viel Geduld und ebensoviel Energie. Erst muss er mindestens 70% der Lichtgeschwindigkeit erreichen. Damit muss er an die Grenze des rotierenden Universums reisen, die ist in etwa 100 Milliarden Lichtjahren Entfernung. (Zum Vergleich: Gegenwärtige

Hypothesen über die Beschaffenheit des Weltalls gehen von einem maximalen Durchmesser der Welt von 15 Milliarden Lichtjahren aus.) Am Rand des Universums durchbricht der Zeitreisende eine Art Schranke, fällt in eine Gegenwelt (die möglicherweise aus Antimaterie besteht) und muss dann den ganzen Weg wieder zurück. Erst dann darf er sich selbst begegnen. Praktisch stellt Gödels Universum also keinerlei Gefahr dar.

Doch theoretische Physiker denken anders, besonders, wenn sie, wie Einstein, ihr ganzes Leben lang nach der Weltformel suchen. In den Grundlagen, also in den Formeln selbst, darf kein Makel sein. Und außerdem, wer weiß. Niemand dachte, dass es - zumindest rein theoretisch - "Wurmlöcher" geben könnte, Schlupflöcher im Weltall, galaktische Tunnels, die Wege im All enorm verkürzen. Möglicherweise gibt es auch in Gödels Universum solche kosmischen Abkürzungen, und dann rücken Zeitreisen in die Nähe des Möglichen.

Wie reagierte Einstein? Seine Ablehnung formulierte er vorsichtig-höflich: "*Es wird interessant sein zu erwägen, ob diese kosmologischen Lösungen nicht aus physikalischen Gründen auszuschließen sind.*" So hat der Meister immer reagiert, wenn andere seine Formel anrührten.

Kommentar: Vielleicht hatte Einstein mit seinem feinen Instinkt für die Realität Recht, wenn er diese Lösungen ablehnte. Immerhin gibt es Zweifel an der Existenz echter Schwarzer Löcher, und zur Urknallhypothese mit seiner Expansion des Weltalls existieren alternative Erklärungen ganz ohne Weltallausdehnung.

(6) Verbundene Welten (WHEELER)

JOHN ARCHIBALD WHEELER (1911-1928) hat sich sein ganzes Leben lang mit Schwarzen Löchern beschäftigt (er prägte ja den Ausdruck) und eine Möglichkeit gefunden, dass sich am "Ende" des Schwarzen Lochs (also in seinem Mittelpunkt) eine neue Welt auftut, die er konsequenterweise **Weißes Loch** nannte.

Ein Wurmloch - Tor zu einer anderen Welt und einer anderen Zeit

Denn das Schwarze Loch ist in Wirklichkeit ein Tor zu einer anderen Welt, und was auf der einen Seite eingesaugt wird und scheinbar verschwindet, spuckt das seltsame Gebilde auf der anderen Seite wieder aus. Der kosmische Staubsauger namens "Schwarzes Loch" mutiert zu einem gigantischen Füllhorn, dem "Weißes Loch". Noch seltsamer: In der anderen Welt geschieht zur gleichen Zeit am gleichen Ort exakt das gleiche wie in unserer Welt, aber niemand weiß, wie das möglich ist. Gibt es wie bei LEWIS CARROLLs Alice ein Wunderland, in dem wir selbst als Spiegelwesen wohnen, zu dem wir aber niemals Zugang haben, außer über Schwarze Löcher?

Wheeler hat für diese Tore zu einer anderen Welt wieder einen guten Ausdruck gefunden: Er nannte sie **Wurmlöcher**, weil sie spontan entstehen können und dann so klein sind, dass offenbar nur Würmer durchkommen. Früher nannte man sie "Einstein-Rosen-Brücken." Doch alles ist relativ, auch die Größe von Würmern. Und Löcher haben immer die Tendenz zu wachsen, nicht nur solche im Budget. Mit diesen Wurmlöchern wurden nun, überraschenderweise, Zeitreisen möglich.

So machte sich Wheelers Schüler KIP THORNE (Physik-Nobelpreis 2017 für die "Entdeckung von Gravitationswellen") auf die Suche nach Wurmlöchern, die Zeitreisen erlauben. In seinem Buch über "Black Holes and Time Warps" postulierte er zwei Wurmlöcher als Ein- und Ausgang eines Tunnels durch die Raumzeit (eines der vielen Konzepte, das SF-Autoren schon viel früher hatten: Sie nannten diesen Tunnel "Hyperraum"). Ausgehend von Einsteins Formeln zur Allgemeinen Relativitätstheorie konnten er und Wheeler zeigen, dass Schwarze Löcher nicht immer gänzlich "schwarz" sein müssen. Es gibt auch solche, die auf der anderen Seite "weiß" sind, was, in die Alltagssprache übersetzt, bedeutet: Alles, was sie verschlucken, spucken sie auf der anderen Seite wieder aus. Die andere Seite könnte ein anderes Universum sein, oder unser eigenes, aber dann in einer anderen Zeit. Das Geschluckte wird dann vor dem Verschlucktwerden wieder ausgespuckt - eine unmögliche Vorstellung, die zu den vertrackten Zeitreise-Paradoxien führt.

Kommentar: Wurmlöcher sind kleiner als Atomkerne und sie leben kürzer als ein Lichtblitz, aber man könnte sie ja irgendwie aufblasen und mit dem entsprechenden Raumzeitkleber stabilisieren. Woher die Wurmlöcher kommen, ist eine andere Sache, wie man ihre Öffnungen vergrößert, desgleichen. Sie sind ein Konzept, auf das sich Science-Fiction-Autoren gestürzt haben, da sie ihnen all das (wissenschaftlich untermauert) ermöglichen, was in ihren Erzählungen ohnedies schon seit Jahrzehnten vorkommt: Reisen in andere Welten, Parallel-Universen, mystische Wiedergeburten, und natürlich Zeitreisen. Über die Möglichkeiten und Probleme von Zeitreisen durch Wurmlöcher siehe mein Buch über "Zeitreisen".

(7) Vibrierende Welten (SCHWARZ, GREEN, WITTEN)

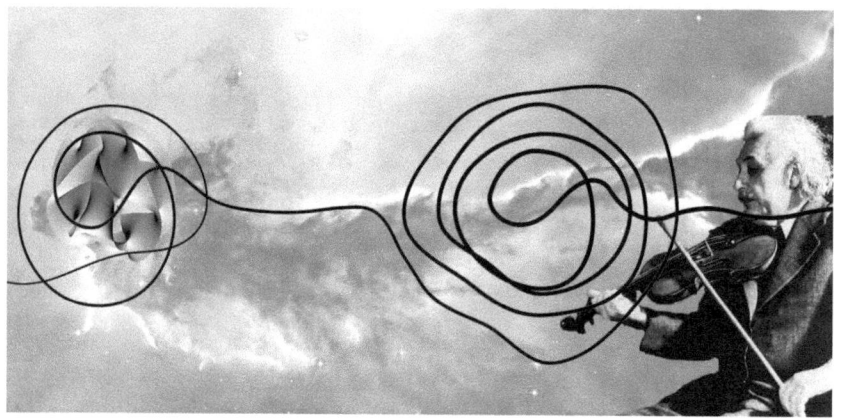

Kaluzas wundervolle Theorie wurde bald nach ihrer Veröffentlichung vergessen. Auch in der Physik gibt es Modeströmungen. Erst in den siebziger Jahren tauchte sie aus dem physikalischen Kuriositätenkabinett wieder auf. Aber inzwischen gab es zwei neue und ziemlich komplizierte Kräfte. die schwache und die starke Wechselwirkung - die Kernkräfte. Konnte man sie ebenfalls "weg-geometrisieren"?

Man konnte - und zwar durch Einführung weiterer Dimensionen. In einer Welt mit zehn Raumdimensionen (plus eine Zeitdimension) konnten alle vier bekannten Kräfte allein durch Krümmungen des Raums beschrieben werden. Vier dieser Dimensionen waren, wie üblich, zusammengerollt, aber das störte niemanden. Die Theorie aller Dinge war gefunden. Im englischen heißt sie TOE = "Theory Of Everything", und "toe" bedeutet auf Deutsch "Zehe". Die Forschung hatte ein Ende, die Zehentheorie war gefunden.

Doch die Freude war kurz. Es gab ein paar unschöne Begleiterscheinungen dieser "Supergravitationstheorie", wie sie genannt wurde. In unserem bekannten Universum gibt es nämlich etwas, mit dem wir täglich konfrontiert werden, ohne dass wir uns viele Gedanken darüber machen. Es gibt gleichwertige Dinge, die zueinander spiegelbildlich sind - unsere Hände beispielsweise, aber auch viele organische Moleküle. Und es gibt keine Möglichkeit, einen solchen Gegenstand in sein Spiegelbild zu verwandeln, außer wir verschwinden in der Spiegelwelt von Alice im Wunderland.

In einer Welt mit einer geraden Zahl von Raumdimensionen (und 10 ist eine gerade Zahl) kann man aber linke und rechte Hände nicht mehr voneinander unterscheiden, weil man sie ineinander verwandeln kann. "Chiralität" heißt diese Eigenschaft der Asymmetrie, die bis hinab zu den Elementarteilchen wirksam ist. Also wieder das Aus für unser nobles Konzept, die gesamte Natur geometrisch zu beschreiben? Noch nicht.

Wissenschaftler sind erfinderisch. Warum, so sagten sich die Physiker JOHN SCHWARZ und MICHAEL GREEN 1984, sind wir so naiv, anzunehmen, die Welt bestehe aus punktförmigen Teilchen? Urstoff der Welt, so behaupteten sie, sind nicht Elementarteilchen, sondern superfeine, **superschwere Fäden** (englisch "strings"), deren unterschiedliche Schwingungszustände die bekannten Elementarteilchen ergeben (und eine ganze Menge noch unbekannter dazu).

Schwarz und Green verbanden ihre Gedanken mit denen der Kollegen Klein und Kaluza, und heraus kam eine Theorie der "Superstrings" (das "Super" kommt immer dann hinzu, wenn auch die Schwerkraft von der Theorie beschrieben wird). Die Raumzeit der beiden Physiker hatte ursprünglich 26 Dimensionen, aber sie konnten dieses Dimensionenmonstrum auf 10 reduzieren. Neun Dimensionen sind für den Raum vorgesehen, eine für die Zeit. Die Anzahl der Raumdimensionen ist ungerade, die Probleme mit links und rechts verschwinden.

Der Physiker und Mathematiker EDWARD WITTEN verfeinerte und verbesserte die Möglichkeiten, die Dimensionen zu "kompaktifizieren" (zusammen zu rollen). Dabei benutze er ein komplexes mathematisches Gebilde namens *Calabi-Yau-Mannigfaltigkeit*, das wir in unserer Collage als mathematischen Ball hinter den String gesetzt haben.

Doch die moderne Mystik, die Annäherung der Wissenschaft an die Science-Fiction (die ja meist von Wissenschaftlern verfasst wurde), aber auch an spirituell-religiöse Vorstellungen, geht noch weiter. 1995 entwickelte Witten seine "M-Theorie", wobei das "M" wahlweise (nach Witten) für "magisch, rätselhaft oder Membran steht".

Kommentar: Einstein und Kaluza schufen mit ihren Formeln die Voraussetzung für eine moderne mathematische Magie, wo ein Symbol - hinzugefügt oder weggelassen - eine neue Welt schafft, jenseits aller Vorstellungskraft, nicht verifizierbar oder falsifizierbar, darum umso fantastischer, geheimnisvoller, erstaunlicher, unbegreiflicher und faszinierender. Nicht alle Wissenschaftler sind erfreut darüber, die Stringtheorien müssen sich oft Kritik von innen (also von anderen Theoretikern) gefallen lassen. Dabei folgen sie nur konsequent aus dem, was mit Einsteins Formen seit jeher geschah - Spekulationen mathematischer Natur über Ursprung, Entwicklung und Ende der gesamten Welt.

Ballade vom unzufriedenen Massenpunkt

Ein erbauliches Gedicht

Ein Massenpunkt schwebt durch die Lande
frei von beschwerend-schwerer Bande,
nur folgend seiner Trägheit Willen,
und denkt sich heimlich so im Stillen:
Wie schön ist doch das freie Leben,
gedankenlos durchs All zu schweben,
im Meer des Nichts dahinzutreiben,
und ewig kräftefrei zu bleiben

Indes, das Glück ist niemals dauernd,
da, hinter den Kulissen lauernd,
ein Kobold sich verborgen hält,
der tückisch seine Fallen stellt.
So war's auch hier! Ganz aus Versehen
(wie konnte sowas nur geschehen?)
fiel er urplötzlich in ein Kraftfeld
das unerbittlich ihn in Haft hält.
Das Pünktchen windet sich behände,
umsonst - die Freiheit ist zu Ende.

Der Raum ist nämlich jetzt verkrümmt
(der Massenpunkt fühlt sich verstimmt)
er ist - konkret - 'Riemannsch' verbogen -
der Massenpunkt fühlt sich betrogen.
Er flucht zwar Mordio und Zeter,
doch übergibt der Weltraumäther
die Schwingungen nur jenem Affen,
der einst von Maxwell ward erschaffen
(ich meine jenes Dämon-Wesen,
von dem ihr sicher schon gelesen,
das an der Scheide von zwei Gasen,
woselbst die Moleküle rasen,
heimlich die Kammertüre aufmacht,
und sich dabei den Buckel schief lacht,
weil er hierbei auf krummen Pfaden,
vom zweiten Hauptsatz unbeladen
und Entropie-vermindernd wandelt,
ganz unthermodynamisch handelt.)

Der Dämon 'sieht' die Klagen plastisch,
indes, er lächelt nur sarkastisch.

Ein Photon kommt des Wegs gegangen
der Massenpunkt fühlt sich befangen.
Der Massenpunkt stellt eine Frage,
nach seiner Raum-, Zeit-, Welt- und Massenlage.
Das Photon spaltet sich in Teile,
um so verweilend eine Weile
(sein Seinsproblem so überwindend,
da seine Eigenzeit verschwindend)
dem Punkte Auskunft zu gewähren,
und fängt nun an, dies zu erklären:

"Mein lieber Freund, die Sach' ist diese:
Nach Christoffel und Adam Riese
(auch Hamilton und Bernhard Riemann
sowie Herr Einstein als ihr Schliemann
gehör'n zu der Erkenntnis Ahnen)

bewegst du dich entlang von Bahnen
des kleinsten Widerstands im Raume
(wie Äpfel, wenn sie falln vom Baume).
Und zwar gilt: d von runder Klammer
(Jetzt kommt's, pass auf: nur kein Gejammer!)
d nach ds von Summe über
(Jetzt Obacht: gleich geht's drunt' und drüber!)
d, sag ich also, nach ds von -
mein lieber Freund, ich fürcht, ich merk schon,
ich schaff es nicht, dir zu erklären
der Mathemátik höh're Sphären:
Tensoranalysis, die Gleichung
von Euler und die Metrik-Eichung;
die Gaußsche Grundform zweiter Stufe,
die man benötigt zum Behufe
der Krümmungsmessung in dem Weltall,
in dem - doch dich verwirrt mein Wortschwall.

Die Freiheit, Freund, ist eine Täuschung,
ist eine Gottesbild-Anheischung
(ganz abgesehn davon, dass Götter,
und sein sie noch so große Spötter,
auch an Gesetze sind gebunden,
die große Männer einst gefunden).
Wir alle ziehen unsern Karren,
doch leugnen tun ihn nur die Narren.
Mit noch mehr will ich dich verschonen."

Damit beginnen die Leptonen
die Quanten-Rückmetamorphose.

Der Massenpunkt bedenkt die Chose.
Er spintisiert und tüftelt lange,
dabei sich windend wie 'ne Schlange
entlang der Raum-Zeit-Extremalen,
und schämt sich plötzlich der banalen
Gedanken, die ihm Zweifel brachten
und seinen Kosmos wanken machten.

Ob krumm, ob grad, ob ganz verbogen
was kümmert's ihn, solang die Wogen
des Weltgetriebes ihn verschonen,
kann er in seinem Himmel thronen,
sich fühlen frei und unbelästigt
obgleich sein Weg im Raum befestigt.

Und so stolziert er 'gravitätisch'
auf Linien, welche geodätisch;
mit endlos vielen Freiheitsgraden
auf geodätischen Gestaden;
mit Freiheitsgraden ohne Ende
vom Anfang - bis zur Zeitenwende.

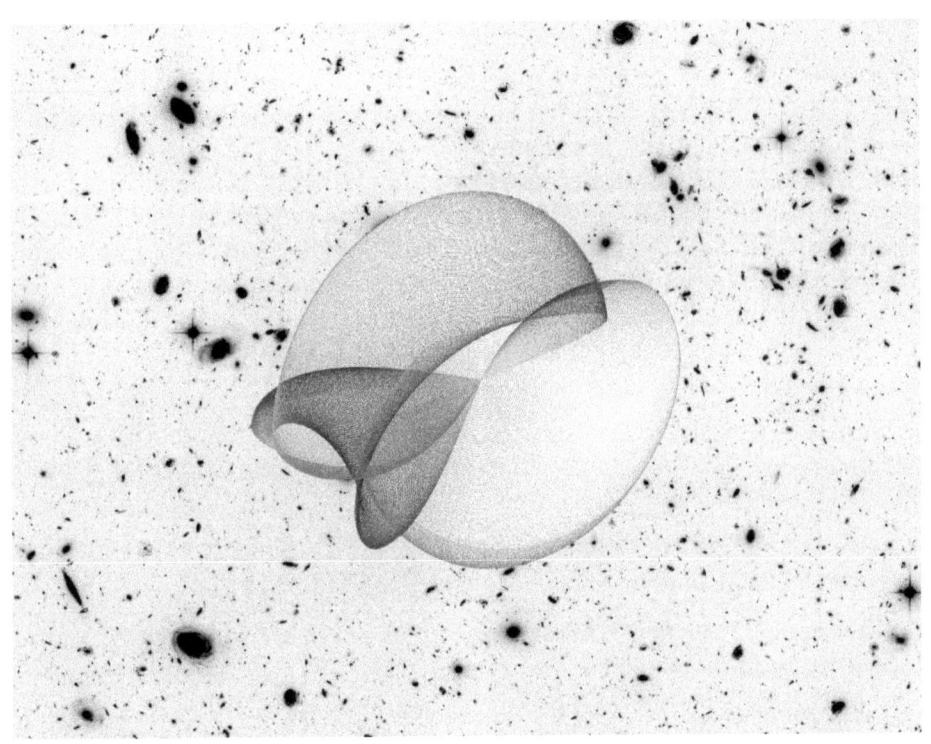

Beobachtungen und Versuche

Wenn du mit einer Säge nicht feilen und mit einer Feile nicht sägen kannst, wirst du kein guter Experimentator werden. Augustin Fresnel (Physiker)

Von der Mystik zur Realität. Es gibt eine Menge Beobachtungen, welche die ART bestätigen sollen. Schauen wir uns die Sache etwas genauer an!

(1) Die Periheldrehung der Merkurbahn

Es war den Astronomen schon seit langem bekannt, dass die Bahn des innersten Planeten Merkur sich nicht schließt, sondern selbst langsam rotiert. Dieses als *Periheldrehung* bekannte Phänomen beträgt rund 570 Bogensekunden (") pro Jahrhundert, oder über 5000", wenn man die Präzession der Erdachse berücksichtigt. Durch Anwendung der klassischen Newtonschen Mechanik mit vereinfachten Annahmen konnte dieser Betrag bis auf einen kleinen Rest von 43" (Bogensekunden) erklärt werden. Berücksichtigt man auch noch die Tatsache, dass die Sonne keine ideale Kugel ist, sondern ein durch die Schwerkraft von Jupiter und Saturn leicht ausgebeulter Feuerball, und berechnet man die Planetenbahnen nicht *heliozentrisch* (vom Zentrum der Sonne aus), sondern *baryzentrisch* (vom Schwerpunkt des Sonnensystems aus), dann verschwindet auch der Rest an Unerklärlichem, und alles wird klassisch berechenbar, ganz ohne gekrümmte Räume und Zauberformeln. Das haben viele Autoren erkannt (siehe RUDOLF NEDVÉD als ein Beispiel). Zu Einsteins Zeiten aber kam offenbar niemand auf die Idee, den Einfluss der großen (und auch der kleinen!) Planeten auf Form und Bahn der Sonne in Rechnung zu stellen.

Auftritt Einstein als Zauberkünstler: Er formte seine Formeln souverän so lange um, bis sich tatsächlich ein Wert von 43" ergab - und die Fachwelt jubelte. Sie übersah nur:

1: Einstein machte derart viele willkürliche Annahmen, dass von einer strengen mathematischen Ableitung keine Rede sein kann.

2. Er kam zur gleichen Formel wie Gerber ein Jahrzehnt zuvor. Gerbers Ableitung ist nachvollziehbar, Einsteins nicht.

3. Einstein *setzte voraus*, dass die Schwerkraft sich mit Lichtgeschwindigkeit ausbreitet, Gerber hat den Wert *berechnet*.

4. In seinen Berechnungen hat Einstein die relativistische Massenzunahme nicht berücksichtigt.

5. Die Berechnungen der Periheldrehung anderer Himmelskörper (z.B. des Asteroiden Icarus) mit Einsteins Formel stimmen nicht überein mit den Daten.

6. Einstein hatte eine *falsche Formel* zur Berechnung des (bekannten) Werts verwendet, wie er selber zugab.

7. Wogegen dreht sich die Merkurbahn eigentlich?

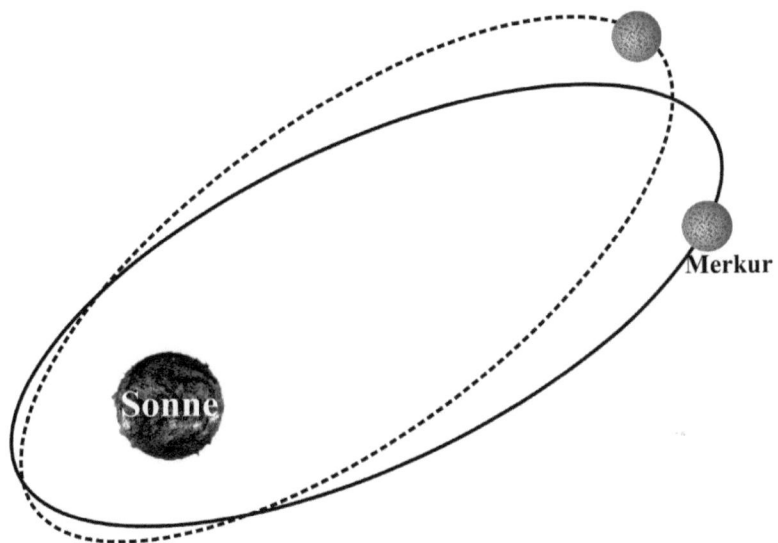

Die Periheldrehung der Merkurbahn (———— zu -------) war ein angeblicher Beweis der ART. Doch Einstein manipulierte die Formeln, um zu dem allgemein bekannten Resultat zu kommen. Zudem verwendete er eine falsche Formel, wie er selber zugab.

Einsteins Ableitung der Periheldrehung der Merkurbahn wurde als großartige Bestätigung seiner Theorie gefeiert, hauptsächlich von Einstein selbst. Doch war das Ganze keine Bestätigung, schon gar kein Triumph. Denn die Zahl war ja bekannt, die Manipulationen Einsteins bezüglich seiner - ohnedies unterbestimmten - Formeln phänomenal, die zahlreichen Bahneinflüsse ganz klassischer Natur unberücksichtigt. Zudem hatte Gerber 11 Jahre zuvor die gleiche Formel abgeleitet, die dann magischerweise auch bei Einstein auftaucht. Siehe das Kapitel "Von wem stammt die ART?"

Zu Punkt (1): HUA DI ("Einstein's Explanation of Perihelion Motion of Mercury ") meint sogar, Einstein hätte ein Integral falsch berechnet. Bei der Integration der Formel

$$\phi = \left[1 + \alpha(\alpha_1 + \alpha_2)\right] \int_{\alpha_1}^{\alpha_2} \frac{dx}{\sqrt{-(x - \alpha_1)(x - \alpha_2)(1 - \alpha x)}}$$

hätte er einen Fehler gemacht. Anstelle von Einsteins Ergebnis

$$\phi = \pi \left[1 + \frac{3}{4}\alpha(\alpha_1 + \alpha_2)\right]$$

sollte es heißen:

$$\pi \left[1 + \frac{\alpha}{4}(\alpha_1 + \alpha_2)\right]$$

also ¼ statt ¾. Das ergäbe dann statt der richtigen 43" pro Jahrhundert viel mehr, nämlich fast 72". Hätte Einstein das Glied $[\alpha(\alpha_1+\alpha_2)]$ nicht vernachlässigt (so klein ist es nicht), Einstein wäre bei einem noch größeren Wert gelandet, bei 100" pro Jahrhundert. Zitat Hua Di: *[Einsteins] Formel ist ein schlecht zusammengestoppeltes Ergebnis, das speziell auf den Merkur zugeschnitten wurde. Deswegen kann seine Formel auch die Abweichungen der anderen Planetenbahnen nicht erklären Er hat dies Unfähigkeit mit "kleinen Exzentrizitäten dieser Planeten" wegerklärt.*

Punkt (7) wurde bereits von ERWIN SCHRÖDINGER ("Die Erfüllbarkeit der Relativitätsforderung in der klassischen Mechanik") 1925 aufgeworfen, wenn er feststellt:

... musste jeder naive Mensch sich fragen: gegen was führt nun nach der Theorie die Bahnellipse diese Drehung aus ... ? ... Man erhielt zur Antwort: die Theorie fordert diese Drehung gegenüber einem Koordinatensystem, in dem die Gravitationspotentiale im Unendlichen gewissen Randbedingungen

genügen. Der Zusammenhang dieser Randbedingungen mit der Anwesenheit der Fixsternmassen war in keiner Weise deutlich, denn diese letzteren waren in die Rechnung überhaupt nicht eingegangen.

Einstein hatte, indem er eine Idee von Ernst Mach übernahm, alles auf die "fernen Fixsterne" geschoben. Sie sollten ihm den absoluten Raum Newtons ersetzen, was sie aber nicht konnten, da das Universum nicht endlich und in sich geschlossen ist. Denn bei einem unendlichen Universum kann der Einfluss der "unendlich fernen Sterne" kaum in Rechnung gestellt werden. Jedenfalls hat Einstein nie versucht, einen solchen Zusammenhang mathematisch herzustellen.

ANATOLI VANKOV ("Einstein's Paper - Explanation of the Perihelion Motion of Mercury from General Relativity Theory") behauptet: Hätte Einstein seine Integrationen korrekt ausgeführt und nicht jede Menge Terme vernachlässigt), wäre als Perihel-Abweichung exakt null herausgekommen. Zudem hätte Einstein fälschlicherweise statt der Eigenzeit die Koordinatenzeit verwendet.

Zu Punkt (4) hat WOLFGANG ENGELHARDT ("Free Fall in Gravitational Theory") gezeigt: Ohne die relativistische Massenzunahme kann ein Körper, der aus dem Unendlichen auf eine Masse fällt, beliebig hohe Geschwindigkeiten erreichen, also auch wesentlich schneller als Licht werden, was von allen Wissenschaftlern abgelehnt wird. Berücksichtigt man indes die Massenzunahme nach der bekannten Formel von Kaufmann, ergibt sich nur ein Drittel der tatsächlichen Verschiebung. Das hat bereits GEROLD VON GLEICH 1925 erkannt.

Wirklich schlimm ist Punkt (6), Einsteins Verwendung der alten (falschen) Formel zur Ableitung des Wertes. Wie wir im Kapitel "Von wem stammt die ART?" sehen werden, hatte Einstein bis dahin gemeint, die Formel (1) A = B sei richtig (A = Geometrie = Raumkrümmung, B = Materie/Energie). Doch nachdem ihm Hilbert im November 1915 die richtige Formel geliefert hatte: (2) A + x = B (x = Spur des Ricci-Tensors = Umrechnungsfaktor bei Koordinatentransformationen), blieb Einstein bei der alten Formel, mit der kühnen Behauptung:

Die Feldgleichungen für das Vakuum, auf welche ich die Erklärung der Perihelbewegung des Merkur gegründet habe, bleiben von dieser Modifikation unberührt.

Mit anderen Worten: Er hat die Periheldrehung der Merkurbahn **aus einer falschen Formel abgeleitet**, die ein masseloses Universum (x=0) voraussetzt! Sonne und Merkur tragen also nichts zur Masse des Universums bei. Dass seine (zu dieser Berechnung benutzte) Gleichung gänzlich falsch ist, gesteht er auch in einem Brief an Sommerfeld vom 28.11.1915: *Ich erkannte nämlich, dass meine bisherigen Feldgleichungen der Gravitation gänzlich haltlos waren!*

Die richtige Gleichung kannte er ab 25.11., aus einer Postkarte von Hilbert. Aber aus seinen "gänzlich haltlosen Gleichungen" leitete er die Periheldrehung der Merkurbahn ab, und behauptete auch noch, mit der richtigen Formel wäre nichts anderes herausgekommen.

Was wäre, wenn ein Schüler bei einer Mathe-Schularbeit die richtige Lösung präsentierte, aber der Lösungsvorgang nicht erkennbar wäre? Mir ist das bei der Matura (deutsch: Abitur) passiert. Ich hatte die Mathe-Aufgabe richtig gelöst - Ansatz, Ergebnis, alles bestens - und in meiner demokratischen Art auch meinen Schreibnachbarn zur Verfügung gestellt, die meine Erkenntnisse eifrig weiter verbreiteten. Leider ging dabei etwas schief, besser gesagt: verloren, nämlich der Weg zur Lösung. Das fiel auf, und die beteiligten Personen inclusive des Initiators der Gemeinschaftsarbeit - also ich - wurden vor den Direktor zitiert. Dass wir damals nicht alle den Status der Reife aberkannt bekamen, lag wohl an dem Unwillen einiger Lehrer, durch einen Skandal unsere Schule in Verruf zu bringen. So wurde die Angelegenheit niedergeschlagen, wir sind um Haaresbreite einem üblen Schicksal entgangen.

Doch wenn ein Einstein so was macht - was dann? Wenn ein Einstein eine Formel präsentiert, die schon 17 Jahre zuvor abgeleitet worden war, allerdings unter ganz anderen Voraussetzungen, während Einsteins Ableitung bis heute zumindest ziemlich willkürlich erscheint? Dann wird er nicht etwa wegen Plagiats und nicht nachvollziehbarer mathematischer Manipulationen zur Rechenschaft gezogen, sondern hochgelobt als Genie des Jahrhunderts. Immerhin, das wussten schon die alten Römer: Quod licet Jovi, non licet bovi. Auf deutsch: Ihr Ochsen werdet euch doch nicht anmaßen wollen, gleich behandelt werden zu wollen wie ein erhabenes Genie!

Dabei gibt es so viele Erklärungen für die Drehung der Merkurbahn (wogegen dreht sie sich eigentlich)? ROSEVEARE hat sie in seiner Dissertation zusammengefasst ("Leverrier to Einstein: A review of the Mercury Problem "). Hier einige Alternativen zur ART:

RUDOLF NEDVÉD ("Mercury's Anomaly and the Stability of Newtonian Bisystems") berechnet die Planetenbahnen auf das Baryzentrum des Sonnensystems, also dessen Schwerpunkt. Der liegt außerhalb der Sonne, vor allem durch den Einfluss des Riesenplaneten Jupiter.

PAUL MARMET ("Einsteins Relativitätstheorie kontra klassische Mechanik", Kapitel 5) berücksichtigt die Änderung des Gangs von Uhren durch Gravitation.

STEVEN D. DEINES ("Comparing Relativistic Theories Against Observed Perihelion Shifts of Icarus and Mercury") analysiert sogfältig die verwendeten Zeitmaße (Universal Time, Lunar Ephemeris Time, Improved Lunar Ephemeris, SI Sekunde, International Atomic Time, Coordinate Time, etc.) und wendet die Einsteinsche Formel auf die exzentrische Bahn des Asteroiden Icarus an. Ergebnis: Die Periheldrehung dieser Bahn weicht von den Voraussagen de Einsteinschen Formel um 25% ab.

S.P. POGOSSIAN ("Comparative study of Mercury's perihelion advance") zeigt ebenfalls den Einfluss des Riesenplaneten Jupiter, aber auch aller anderen Planeten, auf ihre Bahnen, sowie die Wichtigkeit der Wahl des Berechnungsintervalls - alles rein nach Newton.

usw. Schließen wir mit einem Zitat des aus der Geschichte der ART offenbar eliminierten württembergischer Generalmajors GEROLD VON GLEICH ("Gravitation und Metrik"):

... sind auf jeden Fall die Beobachtungen mit sehr beträchtlichen Fehlern behaftet. In solchen Beobachtungen Beweise für die Relativitätstheorie erblicken zu wollen, dazu gehört schon mehr Glaubensfreudigkeit als kritische wissenschaftliche Überzeugung. ... Die für manchen so bestrickenden Spekulationen, mit Hilfe des nichteuklidischen Raumes Himmelserscheinungen zu erklären, wird man füglich endgültig aufgeben dürfen.

Was leider nicht geschah.

Doch wirklich berühmt wurde Einstein durch eine Sonnenfinsternis:

(2) **Die Ablenkung der Lichtstrahlen durch die Schwerkraft der Sonne**

Licht besitzt einen Impuls, mithin träge Masse, mithin auch schwere Masse. Also wird es von schweren Körpern - z.B. von unserer Sonne - verlangsamt und damit aus der geraden Bahn abgelenkt. Das könnte man am Licht ferner Sterne überprüfen, was aber normalerweise nicht geht, weil die Sonne jedes Sternenlicht überstrahlt. Dagegen müsste die Überprüfung dieser Vermutung bei einer Sonnenfinsternis möglich sein.

Nicht, dass diese Überlegungen neu wären. Mit Newtons Formeln ist es ohne weiteres möglich, die Lichtablenkung zu berechnen. Aber weil die Raumkrümmung noch einen zusätzlichen Effekt ergibt, behauptete Einstein, nach seinen Formeln wäre die Lichtablenkung *doppelt* so groß wie die nach den Newtonschen Formeln vorausgesagte. Später korrigierte er seine Voraussage wieder auf die Hälfte, also auf Newtons Wert. Immerhin, mit dem doppelten Wert ist eine Entscheidung zwischen Einstein und Newton möglich. Also brauchte man nur noch eine passende Sonnenfinsternis, um Einstein zu bestätigen oder zu widerlegen.

Die bot sich 1919 eine Sonnenfinsternis im fernen Brasilien an, und Einsteins großer Verehrer SIR ARTHUR EDDINGTON (1882 - 1944) machte sich erbötig, Einsteins Voraussagen - völlig vorurteilsfrei, versteht sich - bei dieser Gelegenheit zu überprüfen.

Die Sache wurde spannend, und da Eddington eine in England angesehene und bekannte Persönlichkeit war, nahmen sich die Zeitungen dieses Falles an. Eddington fotografierte also die Sterne zur Zeit der Verfinsterung und verglich die Fotos mit Aufnahmen des Himmels ohne Sonne. Und dann kam, am 7. November 1919, telegrafisch die Sensation: Einsteins Voraussagen trafen zu, die ART stimmte, alles war ganz toll. Ab da war Einstein berühmt, ab diesem Zeitpunkt wurde die "Lorentzsche Relativitätstheorie" in "Einsteinsche Relativitätstheorie" umbenannt, ab da war Einstein das Genie des Jahrhunderts, ein bescheidener, stiller Gelehrter, dem der Sinn nach der reinen Wahrheit stand, nicht nach Ruhm.

Bescheiden? Als man Einstein fragte, wie er denn reagiert hätte, wären Eddingtons Messungen anders ausgefallen, antwortete er:

Dann hätte mir der Herrgott leid getan; die Theorie ist korrekt.

Und über Max Planck, der die ganze Nacht wach geblieben war, äußerte sich Einstein so:

Planck verstand die Physik eigentlich nicht. Bei der Sonnenfinsternis 1919 blieb Planck die ganze Nacht lang auf. Wenn er die allgemeine Relativitätstheorie wirklich verstanden hätte, wäre er wie ich zu Bett gegangen.

Bevor wir ebenfalls selbstzufrieden zu Bett gehen, sollten wir der Sache ein wenig nachgehen. Schauen wir uns doch mal die Fotos an! Sie wurden im *Scientific American* veröffentlicht und von zahlreichen Kritikern, darunter auch Einstein-Anhängern, einer genauen Analyse unterzogen. Das Ergebnis dieser Analysen:

Arthur Eddington hatte gemogelt und Fachwelt sowie Öffentlichkeit bewusst getäuscht.

Starker Tobak. Was war geschehen? Vergleicht man die Sternpositionen vor und während der Sonnenfinsternis, muss man feststellen, dass die Abweichungen völlig willkürlich sind und keinerlei Gesetz gehorchen. Zum Teil sind die Sterne zur Sonne hin verschoben, zum Teil von ihr weg, zum Teil aber auch radial, also am Sonnenrand entlang. Das ist auch zu erwarten. Denn die Atmosfäre der Sonne, die sogenannte Korona, ist drei Millionen Grad heiß. Die dabei auftretenden gewaltigen Turbulenzen machen jede exakte Ortsbestimmung eines durchgehenden Lichtstrahls unmöglich. Dazu kommen noch andere Fehlerquellen, beispielsweise die Schrumpfung der Emulsion der Fotoplatten. Denn rein theoretisch mussten im günstigsten Fall Unterschiede von 1/100 mm festgestellt werden - und der günstigste Fall trat nicht ein! Selbst bei wohlwollendster Auslegung der Daten konnte Eddington keinerlei Theorie bestätigen oder widerlegen.

Eddington war zwar wohlwollend, aber in keiner Weise neutral. Er schrieb selbst über sich:

Obwohl das Material sehr mager war, hält der Verfasser (der, das muss zugeben werden, keineswegs ohne Vorurteile war) es für überzeugend.

Und an anderer Stelle sagt er selbst:

Die Messungen deuteten mit großer Übereinstimmung auf eine 'halbe' (= Newtonsche) Ablenkung hin.

Mit anderen Worten: Eddington hatte selbst zugegeben, durch seine Messungen die Newtonsche Theorie bestätigt und die Einsteinsche widerlegt zu haben. Gesagt hat er aber das genaue Gegenteil, und der Präsident der "Royal Society" hat ihn dabei unterstützt.

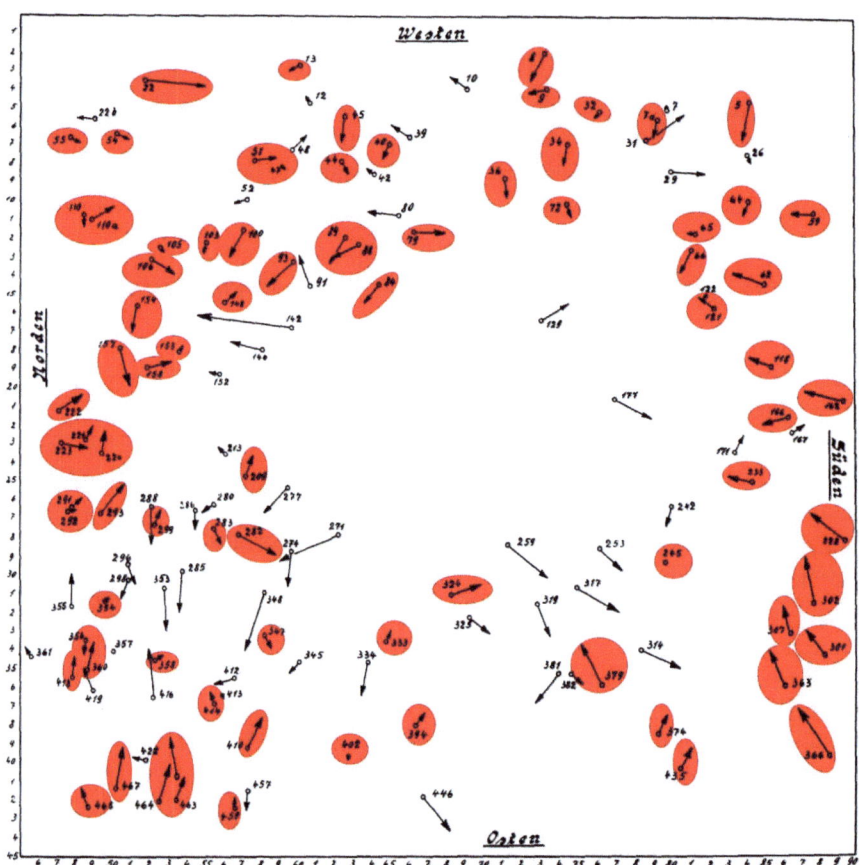

Ablenkung der scheinbaren Sternorte bei der Sonnenfinsternis 1919.
Bewegungen, die Eddington und Einstein widersprechen, sind rot *markiert.*
Aus diesem Pfeilgewirr "bewies" der glühende Einstein-Verehrer Arthur
Eddington die Annahmen der ART. Heute glaubt das nicht einmal mehr das
wissenschaftliche Establishment, doch damals besiegelte Eddingtons
Aussage (von der er selber zugab, dass sie eine Lüge sei) den damaligen und
heutigen Ruhm Einsteins.

(3) **Der Lense-Thirring-Effekt**

Im Jahr 1918 entdeckten der Mathematiker JOSEF LENSE und der Physiker HANS THIRRING einen theoretischen Effekt bei der Drehung eines Körpers: Allein durch die Übertragung der Drehung durch den leeren Raum sollten den Körper umkreisende andere Körper in Rotationsrichtung mitgezogen werden ("frame dragging"). Der Effekt setzt eine Art "Äther" voraus und ist minimal. Doch haben IGNAZIO CIUFOLINI von der Universität Lecce und ERRICOS PAVLIS von der University of Maryland in Baltimore im Jahr 2003 mit Hilfe des LAGEOS-Satellitensystems diesen Effekt (angeblich) bestätigt und die Messungen 2005 mit Hilfe des NASA-Forschungssatelliten "Gravity Probe B" wiederholt. Gemessen wurde dabei eine Winkelabweichung von 0,000012° (12 Millionstel Grad), mit einer Fehlerquote von 1%.

Die Kritik an der in der Zeitschrift PHYSICAL REVIEW LETTERS veröffentlichten Studie war mannigfaltig. Einige Autoren wiesen darauf hin, dass die Größe des gesuchten Signals innerhalb der Rauschgrenze liege - mithin wäre die Fehlerquote nicht 1%, sondern 100%. Ciufolini reagierte darauf etwas patzig, als er schrieb: "*Es könnte sein, dass jemand, der die Analyse mit einer anderen Hypothese über die systematischen Fehler durchführt, zu einem anderen Ergebnis gelangen könnte.*" Mit anderen Worten: Das Ergebnis hängt davon ab, wie ich meine eigenen Fehler bewerte.

Die Sache wurde schließlich zum Politikum. Fünfzehn Experten sprachen sich dagegen aus, die Sache weiter zu verfolgen. Denn: "*Die erforderliche Verringerung des Rauschens wäre so groß, dass jeglicher Effekt, der durch dieses Experiment letztendlich entdeckt würde, zu starken Zweifeln von Seiten der Wissenschaftlergemeinde ausgesetzt wäre.*" Wobei dieser Zweifel, so fügt die Expertenkommission hinzu, durchaus gerechtfertigt wäre. Der amerikanische Kongress strich schließlich die Gelder für weitere Messungen. Jetzt wissen wir wieder nicht, ob es den Effekt gibt oder ob er nur durch willige Wissenschaftler, sagen wir: aus dem Hintergrundrauschen herausgefiltert wurde.

(4) Das Experiment von Pound und Rebka

Quelle

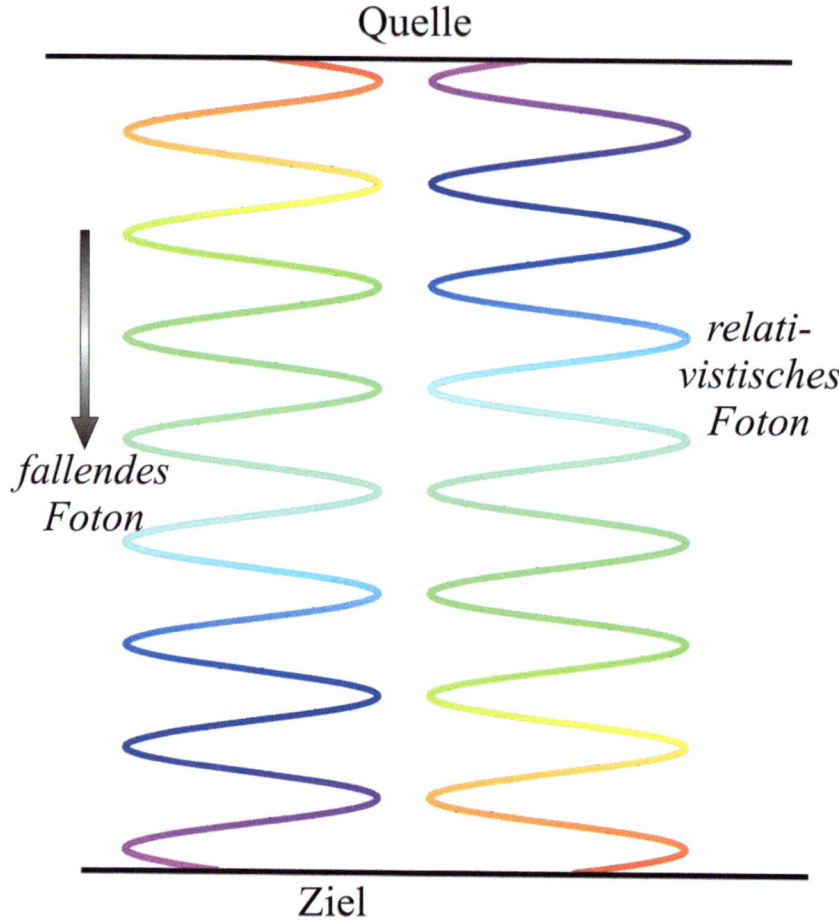

fallendes
Foton

relati-
vistisches
Foton

Ziel

Nach Einsteins ART vergeht die Zeit in einem schwachen Schwerefeld schneller als in einem starken. Da das Schwerefeld der Erde mit der Entfernung von der Oberfläche abnimmt, müsste die Zeit also im Weltall schneller vergehen. Das ist natürlich Unsinn, denn eine Pendeluhr, welche die Zeit misst, geht im schwerelosen Raum überhaupt nicht; sie schwingt umso schneller, je größer die Schwerkraft. Hier gilt also das genaue Gegenteil von Einsteins Behauptung.

Jedenfalls wollten die Physiker ROBERT POUND und GIL REBKA die Voraussagen der ART experimentell mit Hilfe des sehr genauen Mössbauer-Effekts überprüfen. 1959 vermaßen sie die Frequenz von Fotonen (aus Gammastrahlen) an der Spitze eines Turms und an dessen Basis. Oben vergeht nach Einstein die Zeit schneller, die Frequenz - über den Dopplereffekt gemessen - müsste also höher sein, es müsste eine Blauverschiebung gegenüber den Fotonen am Grunde des Turms beobachtet werden können.

Und tatsächlich maßen Pound und Rebka - das genaue Gegenteil! Die Fotonen unten sind mehr blau, haben also nach der Planckschen Formel E=hf mehr Energie. Die Erklärung: Fotonen fallen von oben nach unten und sammeln dadurch kinetische Energie, die sich in einer erhöhten Frequenz bemerkbar macht. Die zwei Effekte kompensieren einander also, was in den Relativitätstheorien - besonders beim GPS - öfter vorkommt und alles so kompliziert macht.

Dazu kommt, dass wir Energie oder auch Masse in diesen Regionen nie direkt messen. Was gemessen wird, ist die Rot- oder Blauverschiebung infolge des Doppler-Effekts: Je blauer, desto energiereicher. Der Doppler-Effekt setzt aber Bewegung voraus, mit zusätzlichen Komplikationen.

(5) Schwarze Löcher

Wie sie entdeckt wurden, wie sie entstehen, was in ihnen alles geschieht, das haben wir im Kapitel über Einsteins kreative Kosmologien, Teil (1), bereits beschrieben. Hier noch ein paar zusätzliche Information über das, was Theoretiker über deren Beschaffenheit herausfanden. Zunächst ein paar geschichtliche Bemerkungen.

Die Idee eines Körpers, dessen Schwerkraft so groß ist, dass nicht einmal mehr luftiges Licht entweichen könnte, wurde zum ersten Mal 1783 vom britischen Geologen, Amateurastronomen und Pfarrer JOHN MICHELL geäußert. In einem Brief an die "Royal Society" schrieb er:

Wenn der Radius einer Kugel von der gleichen Dichte wie die Sonne den der Sonne in einem Verhältnis von 500 zu 1 überstiege, hätte ein Körper, der aus unendlicher Höhe auf sie zu fiele, an ihrer Oberfläche eine höhere

Geschwindigkeit als die des Lichts erlangt. Folglich würde alles von einem solchen Körper abgegebene Licht infolge seiner eigenen Gravitation zu ihm zurückkehren.

Als nächster äußerte der Mathematiker und Astronom PIERRE SIMON LAPLACE 1796 die gleiche Idee. Er schuf dafür sogar einen recht modernen Begriff: Diese hypothetischen Riesensterne nannte er "Dunkle Körper".

Also, was ist ein Schwarzes Loch? Nichts Neues in der Mythologie der Menschheit. Bereits im Mittelalter gab es den **Höllenschlund**, der alles und alle unwiderbringlich verschlang. Naja, nur die Bösen, und schwarz war er auch nicht, sondern dunkelrot wie der Schlund eines Vulkans, mit dem der Hölleneingang oft gleichgesetzt wurde.

Besonders genau beschrieben hat ihn der italienische mittelalterliche Dichter DANTE ALIGHIERI, der als Eingang über dem Reich der Hölle (dem Inferno) geschrieben hatte: *Ihr, die ihr hier eintretet, lasst alle Hoffnung fahren.*

Wie es einem geht, der in einen solchen Strudel getrieben wird, hat EDGAR ALLAN POE in seiner Erzählung "A Descent into the Maelström" exzellent beschrieben. Laut Wikipedia "*verbinden sich die zuerst nur kleinen Strudel zu einem gewaltigen Wasserstrudel, dessen Kreis schließlich einen Durchmesser von einer Meile annimmt. Ein breiter Gürtel aus Schaum umrandet diesen Trichter, dessen Innenwand aus einer glatten, kohleschwarzen Wassermauer besteht. Aus dem Strudel nimmt der Erzähler kreischende und heulende Töne wahr, die das Wasser von sich gibt.*" Wirklich interessant, wie der Ich-Erzähler dem Inferno entkommt: "*Durch weitere Beobachtungen bemerkte er, dass größere Gegenstände schneller den Grund des Trichters erreichten als andere. Darüber hinaus taten es ihnen kugelförmige Gegenstände und Fässer gleich. So beschloss er, sich in ein Fass, an welches er sich klammerte, zu setzen und dieses von allen Befestigungen loszureißen. So konnte er tatsächlich lebend dem Maelström entrinnen.*" Poe nimmt hier einige Eigenschaften eines modernen Schwarzen Lochs voraus: Es kommt nicht auf die Form eines Gegenstands an, nur auf seine Masse. Und: Je kleiner die Masse, desto eher ist ein Entkommen möglich. Aber wen der Strudel einmal erfasst hat, für den gibt es keine Rettung mehr.

Genauso erginge es einem unvorsichtigen Raumfahrer, der sich dem Schwarzen Loch bis zu seinem Schwarzschild-Radius näherte: Überschreitet er ihn, verwandelt sich der Raum in Zeit. Die Zeit aber schreitet unerbittlich voran, von der Vergangenheit in die Zukunft. Und das geschieht nun mit dem Raum, der den Raumfahrer umgibt: Er bewegt sich unaufhaltsam in Richtung Zentrum, und keine Kraft der Welt kann die Fahrt in den Schlund der Hölle aufhalten. Im Inneren wird alles zerquetscht, in seine Urbestandteile zerlegt, als kosmische Schlacke angelagert und für alle Zeiten vor den Blicken der Zuschauer versteckt.

Daher der Name "Loch". Aber warum "schwarz"? Zunächst noch ein Fachausdruck, den wir immer wieder brauchen: Eine gedachte, also imaginäre

Kugelschale um das Zentrum des Schwarzen Lochs im Abstand des Schwarzschildradius heißt sein **Ereignis-Horizont** oder kurz Horizont. Der Grund: Die Schwerkraft innerhalb des Horizonts ist so stark, dass nicht einmal Licht entkommen kann. Also sieht man nicht, was jenseits des Horizonts vor sich geht, wie auf der Erde, wo der Horizont infolge der Krümmung der Erdoberfläche all das verbirgt, was jenseits davon liegt. So ähnlich beim Schwarzen Loch: Das Raum-Zeit-Gefüge ist durch die Schwerkraft so stark gekrümmt, dass eine Art Horizont entsteht, der in beiden Richtungen wirkt. Wer außerhalb des Horizonts schwebt, sieht in Richtung Schwarzes Loch nur Schwärze. Wer innerhalb des Horizonts gelandet ist und noch Zeit zum sehen hat, der würde in jeder Richtung nur das eine sehen: nichts, absolute, undurchdringliche Dunkelheit.

Science Fiction: Reise in (durch?) ein Schwarzes Loch. Was die todesmutigen Raumfahrer im Inneren wohl erwartet ???

Wie entsteht ein Schwarzes Loch? Stellen wir uns einen großen Stern vor, mindestens 25 mal schwerer als die Sonne. Normalerweise steht er im Gleichgewicht: Schwerkraft gegen Strahlendruck. Wenn aber der kosmische Ofen ausgeht, weil der Brennstoff verbraucht wurde, dann erlischt die Strahlung und damit ihr Druck. Jetzt wirkt nur noch die Schwerkraft, der ganze Stern sackt in sich zusammen, seine Materie wird so weit zusammengepresst, bis sie unendlich klein ist, also auf einen Punkt zusammenschrumpft. Zur gleichen Zeit bläht sich der unsichtbare Horizont auf - und ein Schwarzes Loch entsteht. Fortan wird es Materie schlucken und immer mehr wachsen, ein Höllenschlund, der sich unaufhörlich und unaufhaltsam in die Umgebung hineinfrisst. Aber die Materie, die es einsaugt, verschwindet hinter dem Horizont. Wo kommt sie hin? Wird sie auf einen Punkt zusammengepresst, was heißen würde: Die Materiedichte im Zentrum ist unendlich groß?

Genug der Theorie, schauen wir uns ein Schwarzes Loch erst mal aus respektvoller Entfernung an, rein theoretisch. Können wir überhaupt etwas sehen und wenn ja, was? Gleich zwei Überraschungen zu Beginn: Wir sehen ein Schwarzes Loch besser als eine metallglänzende Kugel. Und: Wir sehen viel zu viel! Also: Stellen wir uns vor, eine Kugel von 10 cm Durchmesser schwebte in einer Entfernung von etwa 1 m vor uns in der Schwärze des Alls. Wir beleuchten die Kugel von der Seite mit einer Taschenlampe. Was sehen wir?

Ist die Kugel mit Ruß beschichtet, nehmen wir gar nichts wahr, da sie alles Licht schluckt. Ist die Kugel aus Stein, sehen wir die eine Hälfte schwarz, die andere Hälfte matt - also einen Halbmond. Ist die Kugel chromglänzend, sehen wir eine Widerspiegelung der Taschenlampe in der Nähe des rechten Randes. Ist die Kugel aber ein Schwarzes Loch, sehen wir die Taschenlampe doppelt - links und rechts von der Kugel, wie zwei Lichter-Satelliten. Der Grund: Licht von der Taschenlampe läuft einmal links, einmal rechts um das Schwarze Loch, beschreibt also einen Bogen von 90° bzw. von 270°, bevor es das Auge des Betrachters trifft. Es wird von der Schwerkraft des Schwarzen Lochs herumgebogen wie ein Bindfaden in einer turbulenten Strömung.

Noch interessanter wird die Sache, wenn wir das Schwarze Loch von vorne beleuchten. Was sehen wir dann? Eigentlich müssten wir nichts sehen, denn alles Licht wird ja verschluckt. Falsch! Ein Schwarzes Loch ist wie ein Möbius-Band, mit immer neuen Überraschungen. Denn nun erkennen wir um das teuflische Gebilde - einen Heiligenschein! Das Licht der Taschenlampe wird nämlich unzählige Male um das Schwarze Loch herumgeführt und gelangt wieder in unsere Augen. Wir aber sehen gebogene Lichtstrahlen immer gerade, projizieren sie also in gerader Flucht ins Unendliche. So entsteht die leuchtende Aura um den Horizont, und das Schwarze Loch erscheint uns größer als es ist - etwa 2 ½ mal größer als sein Schwarzschild-Radius.

Dazu kommt: Die starke Schwerkraft in der Nähe des Schwarzen Lochs verlangsamt die Zeit, bis sie, von uns aus gesehen, erstarrt. Deswegen schwingt auch Licht von dort immer langsamer, verschiebt sich also in Richtung rot, wandelt sich zu Infrarot, Mikrowellen, Radiowellen, löst sich schließlich in unendlich lange Wellen auf. Doch ein unglücklicher Raumfahrer, der ins Schwarze Loch stürzt, würde nichts dergleichen bemerken. Für ihn läuft alles ganz normal, er kann Botschaften vom Mutterschiff und sogar Fresspakete empfangen, denn der Horizont existiert ja nicht wirklich. Hat er ihn allerdings überschritten, wird er in Bruchteilen von Sekunden wegen der Gezeitenkräfte zermalmt und im Zentrum des Schwarzen Lochs in seine Urbestandteile zerlegt. Er erlebt also die wahre Hölle, die absolute Vernichtung - so scheint es.

Doch es gibt eine seltsame Schlussfolgerung aus Einsteins Gleichungen, die das genaue Gegenteil aufzeigt: Ein Mensch, der in ein Schwarzes Loch stürzt, kommt - ins Paradies! Denn das Schwarze Loch ist in Wirklichkeit ein Tor zu einer anderen Welt, und was auf der einen Seite eingesaugt wird und scheinbar verschwindet, spuckt das kosmische Gebilde auf der anderen Seite wieder aus. Aus dem kosmischen Staubsauger namens "Schwarzes Loch" wird so ein gigantisches Füllhorn, das sinnigerweise **Weißes Loch** heißt. Noch seltsamer: In der anderen Welt geschieht zur gleichen Zeit am gleichen Ort exakt das gleiche wie in unserer Welt, aber niemand weiß, wie das möglich ist. Gibt es wie bei Lewis Carrolls "Alice hinter den Spiegeln" ein Wunderland, in der wir selbst als Spiegelwesen wohnen, zu der wir aber niemals Zugang haben, außer über Schwarze Löcher? Der schon erwähnte J.A. Wheeler hat für diese Tore zu einer anderen Welt wieder einen guten Ausdruck gefunden: Er nannte sie **Wurmlöcher**, weil sie spontan entstehen können und dann so klein sind, dass offenbar nur Würmer durchkommen. Früher nannte man sie **Einstein-Rosen-Brücken**. Indes, alles ist relativ, auch die Größe von Würmern. Und Löcher haben immer die Tendenz zu wachsen, nicht nur solche im Budget.

Wheelers Mitarbeiter KIP THORNE wollte diese Gebilde sogar für Zeitreisen nutzen. Zwar sind Wurmlöcher kleiner als Atomkerne und sie leben kürzer als ein Lichtblitz, aber man könnte sie ja irgendwie aufblasen und mit dem entsprechenden Raumzeitkleber stabilisieren. Woher die Wurmlöcher kommen, ist eine andere Sache, wie man ihre Öffnungen vergrößert, desgleichen. Und wie sollen sie stabilisiert werden? All das reicht aber nicht: Jetzt muss auch noch das eine Wurmloch gegenüber dem anderen auf nahezu Lichtgeschwindigkeit beschleunigt werden, damit es zur Zeitverschiebung ("Zeitdilatation" nach Einstein) kommt. Weil das nun wirklich nicht funktionieren würde, haben sich Thorne und Mitarbeiter eine andere Methode ausgedacht, die ebenfalls auf Einstein zurückgeht: Schwere Massen verlangsamen den Zeitfluss. Es würde also genügen (!), das eine Wurmloch in die Nähe einer großen Masse (z.B. eines Weißen Zwergs) zu bringen, um dort die Zeit zu verlangsamen. Wenn das alles bewerkstelligt wurde, kann ein Mensch durch den Übergang von einer Wurmloch-Öffnung zur anderen in der Zeit reisen (in jeder Richtung). Abgesehen von all den technischen Problemen bleibt auch hier die unangenehme Tatsache, dass man nur jene Zeiten bereisen kann, in denen beide Wurmlöcher existieren. Davon hat die Wissenschaft wenig. Dafür handelt sie sich die Paradoxa ein, die nicht sein dürfen.

Bleiben wir auf dem Boden der Tatsachen, und das sind in diesem Fall immer noch die Einsteinschen Formeln, denn einem echten Schwarzen Loch sind wir noch nie begegnet, auch wenn die Verleiher von Nobelpreisen das Gegenteil behaupten. Wagen wir uns in einem Raumschiff mit unendlich starkem Antrieb in die Nähe eines Schwarzen Lochs, knapp über dem Horizont, wo eine Rückkehr noch möglich ist. Wählen wir dazu ein gigantisches Schwarzloch, wie es im Zentrum großer Galaxien vermutet wird (Millionen bis Milliarden Sonnenmassen), dann können uns die Gezeitenkräfte nicht so viel anhaben, und wir könnten den Ausflug überleben. Was würden wir sehen?

Wir blicken vom Schwarzen Loch weg. Wenn wir uns den Himmel ansehen, dann sieht es aus, als ob wir in einen Tunnel eintauchen. Von unserem Rücken aus scheint ein Schwarzes Tuch den Himmel immer mehr zu verdecken und die Sterne zusammenzuschieben. Der Himmel wird immer kleiner und zugleich immer heller, weil wir auch die Sterne in unserem Rücken sehen. Schließlich ist alles, was wir zu Gesicht bekommen, eine kleine Scheibe - das ganze Universum schrumpfte für uns zur Größe eines Kaleidoskops. Jeder Stern präsentiert sich in unendlich vielen Schattenbildern. Doch die Sterne ändern auch ihre Farbe, werden immer blauer. Infrarot und Radiowellen werden sichtbar, normales Licht wandert ins Ultraviolett und schließlich in den Bereich von Röntgen- und Gammastrahlen.

Noch seltsamer sind die Vorgänge innerhalb des Raumschiffs. Stellen wir uns unser Raumschiff als einen Ring vor, so wie die Raumstationen in den Science-Fiction-Illustrationen. Wir stehen im Außenring, also weiter weg vom Schwarzen Loch. Seltsame Dinge geschehen: Eine unsichtbare Hand scheint das Schiff gerade zu biegen! Der Ring wird immer flacher, und bei einer bestimmten Entfernung - dem Eineinhalbfachen des Horizonts - ist der Ring gerade geworden und wir sehen, wenn wir geradeaus blicken, unseren eigenen Hinterkopf wie auf dem seltsamen Gemälde von René Magritte! Nähern wir uns noch weiter dem Horizont des Schwarzen Lochs, beginnt sich unser Raumschiff in die andere Richtung zu verbiegen, wir stehen jetzt scheinbar im linken (inneren) Teil. Mehr noch: Laufen wir den Gang entlang, werden wir tatsächlich gegen die scheinbare Außenwand gedrückt, die aber in Wirklichkeit immer noch die Innenwand darstellt. Mit anderen Worten: Die Fliehkraft wirkt verkehrt, nämlich nach innen. Was ist da passiert?

In der 1 ½-fachen Entfernung des Horizonts ist die Schwerkraft so stark, dass Licht nicht mehr entkommen kann, aber auch noch nicht ins Schwarze Loch fällt. Ein Lichtstrahl beschreibt also eine Kreisbahn. Wandert Licht kreisförmig durch unser ringförmiges Raumschiff, dann sehen wir natürlich unseren Hinterkopf, weil wir Lichtstrahlen immer als "gerade" interpretieren.

Das mit der falschen Fliehkraft dagegen ist höchst merkwürdig, das mit der Temperatur, die ohne Gründe ins Unendlich steigt, auch. Meist erfahren Sie davon nichts in populären Darstellungen; in technischen auch nicht. Ist doch zu peinlich, irgendwie wollen selbst hartgesottene Theoretiker physikalische Ursachen für Effekte, die offenbar nur mathematisch bedingt sind.

Schauen wir uns noch ein anderes Schwarzes Loch an, nämlich eines, das sich dreht. Das wäre im Prinzip der natürliche Zustand, denn wenn ein Schwarzes Loch aus einem Stern entsteht, dann können wir sicher sein, dass der Stern, wie jeder Stern im Universum, rotiert, und dieser Rotation bleibt nicht nur erhalten, sie wird auch noch größer. Ein rotierendes Schwarzes Loch birgt jede Menge weitere Überraschungen. Die "Singularität" im Innern, also der Ort, wo die ganze Materie zu einem unendlich kleinen, unendlich dichten Materieklumpen zusammengepresst wird, dieser Ort ist nun plötzlich ein Ring. Doch das wirklich Verblüffende liegt in der Tatsache, dass dieses

Schwarze Loch ("Kerr-Singularität, benannt nach Roy Kerr, der es 1962 entdeckte) zwei Horizonte besitzt. Ein Raumfahrer, der zwischen ihnen geschickt laviert, kommt in eine andere Welt. Die Reise ins Paradies, wie wir es vorher nannten, ist möglich, auch ohne dass wir vorher völlig zerquetscht werden.

Und wie sieht diese andere Welt aus? Das weiß keiner. Es könnte ein Tor zu unserer eigenen Welt sein, aber an einem weit entfernten Ort - oder zu einer anderen Zeit. So wären "Hyperdrive-Reisen" und Zeitmaschinen aus diversen Science-Fiction-Serien möglich - mit allen üblen Konsequenzen. Vielleicht aber führt ein solches Schwarzes Loch auch in eine wirklich andere Welt, wo alles genauso scheint und trotzdem ganz anders ist und wo jeder sich selbst als Spiegelwesen begegnen kann. Ein kosmischer Klon unserer gewohnten Welt sozusagen.

Und wo sind sie, die Schwarzen Löcher? In den Zentren der Galaxien, davon sind fast alle Astronomen überzeugt. Manche Sterne scheinen auch zu einem Schwarzen Loch kollabiert zu sein. Und irgendwo in weiter Ferne lauert ein gigantisches Schwarzes Loch, so groß wie eine ganze Milchstraße. Jedenfalls ist das alles ziemlich ferne, glücklicherweise.

Indes: Möglicherweise schwirren jede Menge winzigster Schwarzer Löcher um Ihren Kopf, nisten sich in Ihrem Hirn ein und führen zu den bei Politikern bekannten "Black-outs", auf deutsch: Bewusstseinstrübungen und Gedächtnisverlust infolge primordialer Schwarzer Löcher. "Primordial" heißt: Sie entstanden beim Urknall, so er denn stattgefunden hat. Sie sind kleiner als ein Proton, und keiner bemerkt sie. Aber auch sie saugen Materie an, soweit und soviel sie können, bis sie dann plötzlich platzen. Ob es sie gibt? STEPHEN HAWKING, Englands großer Physiker, hat sie erfunden; sie sind, wie so vieles im Bereich der theoretischen Physik, reine Spekulation, beunruhigend, aber nicht bedrohlich.

Auch das Schwarze Loch im Zentrum unserer Milchstraße, dem der deutsche Astronom REINHARD GENZEL Jahrzehntelang in detektivischer Kleinarbeit auf der Spur war, wofür er verdientermaßen den Nobelpreis erhielt, auch dieses bedrohliche Gebilde ist uns fern und wird unsere Leben kaum beeinflussen. Im Augenblick macht es sowieso eine Fastenkur, es ist **am Verhungern**. Keinerlei Materie fällt hinein, man sieht nichts und kann nur indirekt, durch die Bewegung der ihm nahen Sterne, auf seine Existenz schließen. Das aber kann sich jederzeit ändern. Dann könnte das Zentrum unserer Milchstraße zu strahlen beginnen, so hell wie die Zentren mancher weit entfernter Galaxien. Denn sobald Gas und Sterne angesaugt werden, erhitzen sie sich infolge der inneren Reibung, und zwar so stark, dass sie neben Licht sogar Röntgenstrahlen aussenden. Man nimmt an, dass die Zentren der sehr hellen Galaxien - Seyferth-Galaxien genannt - und die ungemein hell strahlenden Quasare nichts anderes als gigantische Schwarze Löcher sind, die alles in ihrer Umgebung ansaugen, zum Leuchten bringen und verschlucken.

Allerdings gibt es einen Unterschied zwischen den Eigenschaften der rein theoretischen ergründeten Schwarzen Löcher und echten supermassiven Körpern: Gas, das (meist in Spiralbahnen) ins Zentrum fällt, wird von Schwarzen Löchern verschluckt, von supermassiven Körpern aber nach dem Aufprall auf der Oberfläche zurückgeschleudert. So könnte man die beiden unterscheiden, was bisher nicht gelang.

Zuletzt wollen wir uns der brennenden Frage nicht verschließen, deren Beantwortung sicherlich wichtiger ist als die Lösung des Klimawandels oder die Suche nach dem Weltfrieden:

Haben Schwarze Löcher eine Glatze ?

Entsetzen breitet sich aus. So tolle Gebilde im All, mit Glatze? Wheeler meinte: ja, während Stephen Hawking im Juli 2004 verkündete: Schwarze Löcher können doch Haare haben. Na, Gottseidank. Aber Sicherheit gibt's keine. Wikipedia meint: Die Forschung über die Behaartheit Schwarzer Löcher ("No Hair Problem") *ist spekulativ und umstritten, gilt aber als ein zentrales theoretisches Problem der Quantentheorie schwarzer Löcher und auch Hawking kam darauf in einer seiner letzten Veröffentlichungen zurück.*

Doch es gibt Lösungsansätze. Wikipedia: *2013 schlugen Juan Maldacena und Leonard Susskind eine Lösung durch die Äquivalenz von Quantenverschränkung und Wurmlöchern vor (ER-EPR-Vermutung), weiter ausgebaut durch einen expliziten Vorschlag solcher durchquerbarer Wurmlöcher.*

Na also, die braven Wissenschaftler lassen uns nicht im Stich. Sollten Sie selbst oberhalb der Denkgrenze gewisse Ausdünnungen feststellen, machen Sie sich keine Gedanken ob so trivialer Probleme. Die Schwarzen Löcher stört das viel mehr!

Nach all den fantastischen Eigenschaften, die Theoretiker diesen Gebilden zuschreiben (sagte ich: andichten?) (links), ist das "echte" Foto eines Schwarzen Lochs, für das es 2020 einen Nobelpreis gab (rechts), eher enttäuschend:

 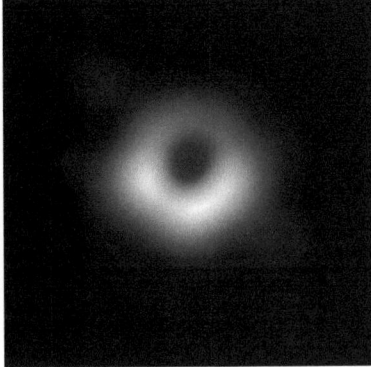

Schwarze Löcher sind, wie gesagt, meist in den Zentren großer Galaxien beheimatet und offenbar ein eklatanter Beweis für die ART. Das wären sie, wenn es sie denn gäbe. Doch was als "Schwarzes Loch" in der Literatur, in Vorträgen, Erzählungen und Filmen präsentiert wird, ist zunächst einmal nichts anderes als ein *supermassiver Körper*, also ein himmlisches Gebilde von großer Massendichte. Durch irgendwelche kosmischen Prozesse wurde die Materie extrem zusammengedrückt. Ein Beispiel dafür sind Neutronensterne, doch gibt es sicher auch größere Gebilde. Echte Schwarze Löcher im Sinne der ART hat man noch keine entdeckt. Denn diese verschlucken Materie spurlos, im Gegensatz zu jedem anderen vernünftigen Objekt im All.

Fassen wir zusammen. Die Eigenschaften Schwarzer Löcher sind so paradox, so widersprüchlich, so aller Vernunft (und Physik) widersprechend, dass wirklich nur eingefleischte SF-Fans an sie glauben. Hier nochmals einige dieser Seltsamkeiten, wie sie sich aus Einsteins Formeln ergeben:

- Trotz ihrer gigantischen Masse haben Schwarze Löcher keinerlei feste Bestandteile. Die in ihnen vorhandene oder von ihnen verschlungene Materie liegt aber auch nicht als Energie vor. Schwarze Löcher sind also weder Materie noch Energie. Was dann?

- Ab einer bestimmten Entfernung vom Zentrum des Schwarzen Lochs treten höchst seltsame Effekte ein. Diese Grenze wird als *Ereignishorizont* bezeichnet. Sie existiert aber nicht, weder als Materie, noch als Energie, noch als Überlagerung von Kräften.

- Bei Annäherung an ein Schwarzes Loch wird ein Gegenstand *unendlich heiß* - genau im Horizont. Dafür gibt es aber keinerlei physikalische Ursache, denn der Horizont ist nur eine gedachte Grenze ohne physikalische Realität.

- Innerhalb des Horizonts wirkt die Fliehkraft umgekehrt - kreisende Gegenstände werden *nach innen* geschleudert.

Und was sagte der Meister selbst zu seinen seltsamen Geschöpfen? Im Jahre 1939 beschäftigte er sich mathematisch mit der Bewegung von Sternen in einem Kugelsternhaufen. Dabei kam er zu dem Schluss:

Das wesentliche Ergebnis dieser Untersuchung ist ein klares Verständnis dafür, warum die "Schwarzschild-Singularitäten" (ursprünglicher Name für "Schwarze Löcher") *in der physikalischen Realität nicht existieren.*

Der Grund: Materie kann nicht beliebig zusammen gepresst werden, sonst würden Materieteilchen mit Lichtgeschwindigkeit durch die Gegend fliegen. Aber wer hört denn schon auf Einstein!

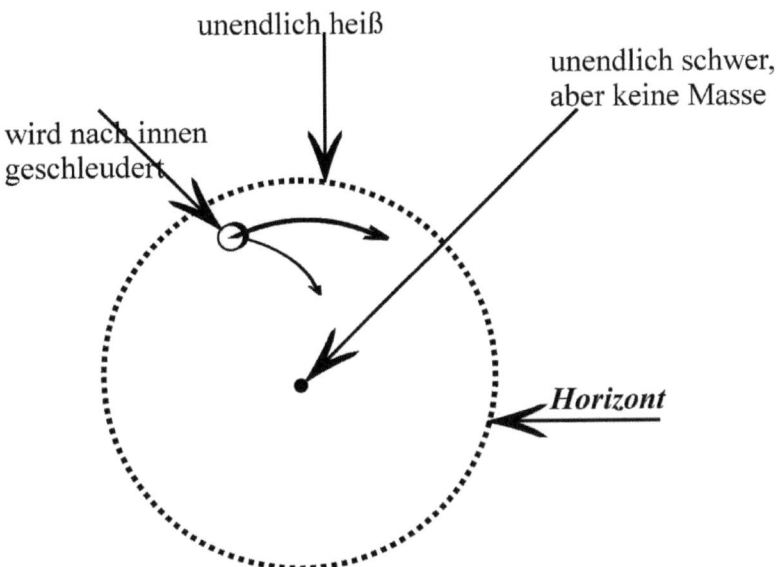

unendlich heiß

unendlich schwer,
aber keine Masse

wird nach innen
geschleudert

Horizont

Eigenschaften eines Schwarzen Lochs

Absurditäten reizen mich immer zu Märchen, obwohl die meist realistischer sind als alles, was sich moderne Physiker so zusammenreimen. Hier also meine Version von Blacky & Darky, zwei schwarzen Löchern, und ihrem tragischen Schicksal:

Die Ballade von Blacky & Darky
oder
Zwei Schwarze Löcher tanzen Tango

Schau her, das ist Blacky (rechts):
Blacky ist ein Schwarzes Loch.

Und das ist Darky (unten):
Darky ist auch ein Schwarzes Loch.

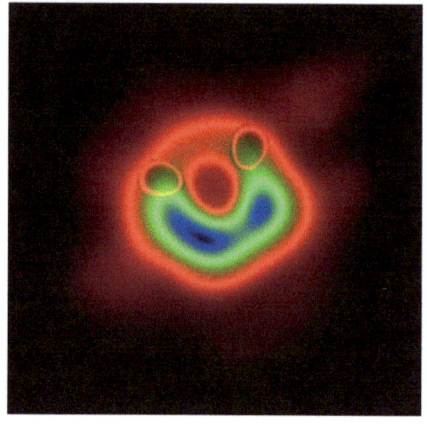

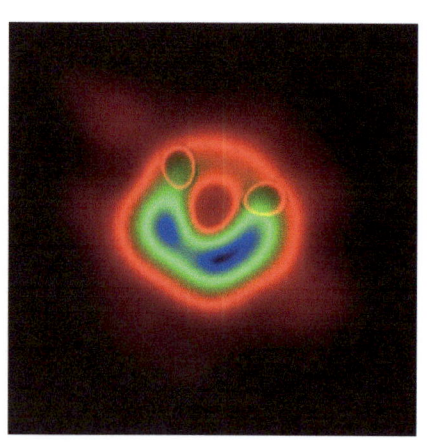

Blacky und Darky sind einsam. Plötzlich sagt Blacky zu sich selbst: Holla, da ist doch Darky! Und Darky sagt zu sich selbst: Holla, da ist doch Blacky! Wollen wir ein wenig verschmelzen? fragt Blacky. Aber klar doch! sagt Darky. Und so tun sie's, und das sieht dann so aus:

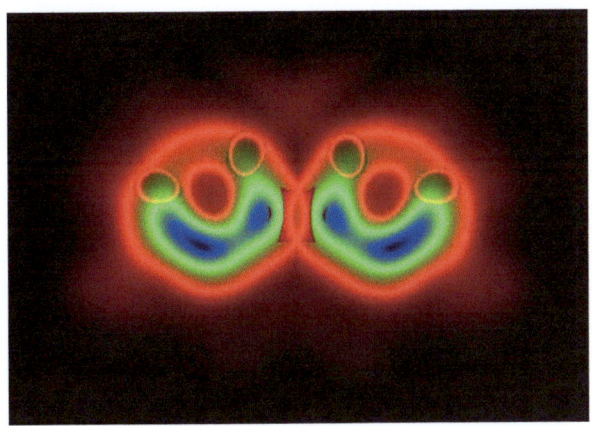

Aber Blacky und Darky sind nicht glücklich miteinander, sie sind zu sehr an ihre Freiheit gewöhnt. Und nach einiger Zeit sieht die Harmonie der beiden nicht mehr so harmonisch aus:

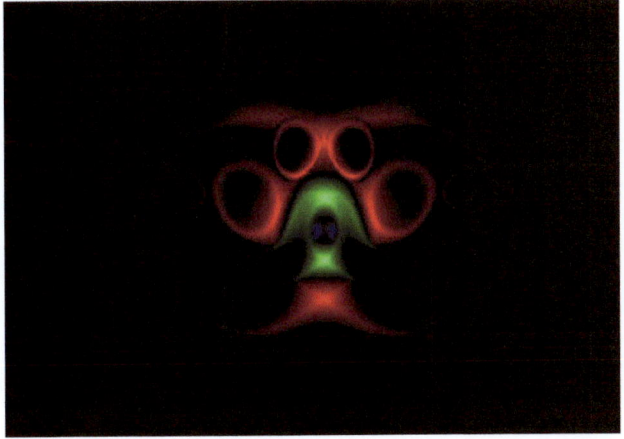

So beschlossen sie, sich wieder zu trennen. Doch dabei ging etwas schief, seht nur:

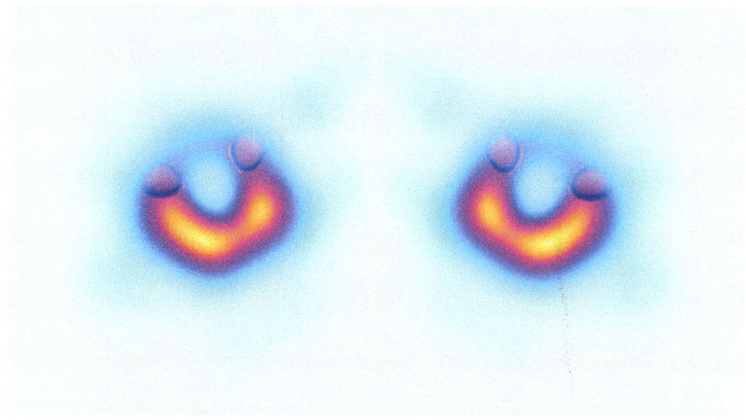

Jetzt sind die beiden plötzlich Weiße Löcher! Ob das gut gehen wird? Ob sie sich wieder rückverwandeln können? Werden sie dann glücklich sein? Sieht nicht so aus:

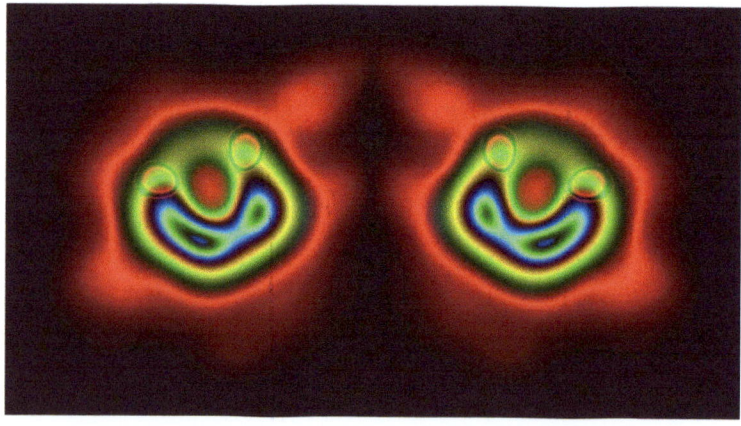

Arme Schwarze Löcher! Ist doch ein hartes Leben, so ganz allein im Weltall (theoretisch). Aber wenigstens glauben die Menschen an sie.

Die Fusselknäueltheorie

oder

Wie Schwarze Löcher *wirklich* aussehen

Sie stammt von dem Physiker SAMIR D. MATHUR von der Ohio State University und soll das Innere eines Schwarzen Lochs beschreiben. Zunächst scheint es, dass ihr Schöpfer, nicht der erste war, der diese Idee hatte. In einer obskuren und eher populärwissenschaftlichen Zeitschrift entdeckte ich ein Foto, das der Skizze von Mathur (Abb. 1) über die Verhältnisse im Innern eines Schwarzen Lochs verblüffend ähnlich sieht (Abb.2).

Abb. 1: Originalskizze eines Fusselknäuels

Abb. 2: Fusselknäuelfoto unbearbeitet

Mit Hilfe eines aufwändigen Verfahrens, das ich von den Fotografen des jüngsten Schwarzen Lochs erhalten hatte, gelang es mir, den dunklen und kaum sichtbaren Hintergrund so herauszuarbeiten, dass die darin enthaltenen Strukturen deutlicher wurden (Abb. 3).

Gegen dieses, zugegebenermaßen etwas künstlich, um nicht zu sagen: künstlerisch, bearbeitete Bild (aber nach streng wissenschaftlichen Algorithmen, wie auch das Bild vom Schwarzen Loch, das um die Welt ging), könnte man einwenden, es wäre durch gewisse Vorurteile der beteiligten Wissenschaftler entstanden, zumal das Bild in einer französischen Fachzeitschrift aus den 1920iger Jahren erschien und man ja allgemein weiß, dass die Franzosen nur eines im Kopf haben. Dem muss entschieden widersprochen werden. Wissenschaftler halten sich an Fakten, sie stellen stets die nackte Wahrheit dar, völlig frei von Vorurteilen oder zielgerichtetem Denken.

Abb. 3: Hintergrund verstärkt

Andrerseits könnte eine gewisse Manipulationsbereitschaft der beteiligten Physiker durchaus im Bereich des Denkbaren liegen. Darauf wies mich eine bedeutende deutsche Erforscherin Schwarzer Löcher hin. Daniela F. aus L. in Niederbayern hat sich auf die Ergründung der Ursachen für Schwarze Löcher in grünen Socken auf Grund roter Schuhe konzentriert. Sie schickte mir ein Bild ihrer Experimental-Apparatur (Abb. 4), bei der man eine deutliche Ähnlichkeit mit dem (von mir leicht verbesserten) Foto des Schwarzen Lochs in M87 erkennen kann. Frau F. machte mich aber auch noch auf einen Fehler in Mathurs Terminologie aufmerksam. Sie schreibt:

Abb. 4: Danielas Experimental-Apparatur

"*Übrigens, hier hat sich ein kleiner Fehler in Samir Mathurs These eingeschlichen: Es heißt nicht "Branes und Strings", sondern 'Bras und Strings'.*" [bra = Abkürzung für brassiere = Büstenhalter] Dieser Fehler ist bezeichnend für die Prüderie US-amerikanischer Forscher, denn auch sie müssen sich an den dort allgemein akzeptierten "Kodex für korrekte Fachausdrücke" halten. Durch Danielas Hinweis gelang es mir schließlich aus weiteren Weltraumaufnahmen, einen solchen "brane" (euphemistisch für - siehe oben) aus dem Hintergrundrauschen herauszufiltern (Abb. 5). Es handelt sich dabei um einen "gefleckten brane". Die weißen Punkte sind in Wirklichkeit Mini-Schwarzlöcher, die durch das Weltraumrauschen invertiert dargestellt werden.

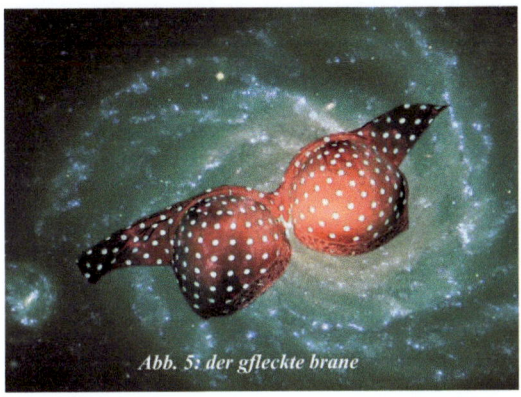

Abb. 5: der gfleckte brane

Damit schließt sich der Kreis zur erwähnten französischen populärwissenschaftlichen Zeitschrift ("La Vie Parisienne"). Man muss also nur hinter (und gelegentlich unter) die Dinge blicken, schon entdeckt man neue Ansichten unserer Welt. Hoffentlich werden diese revolutionären Erkenntnisse auch entsprechend gewürdigt!

Literatur: Samir D. Mathur: Where are the states of a black hole? https://arxiv.org/abs/hep-th/0401115v1

(6) Gravitationswellen

Erst zur Theorie.

In einer jahrtausendealten Schrift der Babylonier findet man folgende kuriose astronomisch-astrologische Regel:

Wenn der Mond rot ist, wird es regnen. Und darunter: *Tatsächlich wurde beobachtet, dass der Mond rot ist.*

Und jetzt? Hat es geregnet oder nicht? Davon steht nichts in den Keilschrifttexten. Genauso absurd wäre für uns diese, leicht abgewandelte, babylonische Logik:

Wenn der Mond rot ist, wird es regnen. Und darunter: Tatsächlich hat es geregnet.

Und der Mond? War er nun rot oder nicht? Absurd, nicht wahr? Doch genau diese Logik liegt den angeblichen Beobachtungen von Gravitationswellen zugrunde. Nämlich:

(a) Es gibt Schwarze Löcher.

(b) Wenn sie zusammen stoßen, erzeugen sie Gravitationswellen.

(c) Tatsächlich wurden solche Wellen beobachtet, also gilt (a) und (b).

Abgesehen davon, dass viele nachdenkliche Menschen Zweifel an der Behauptung (c) hegen, es geht hier um die Logik. Jeder vernünftige Mensch würde fragen: Und? Habt ihr Schwarze Löcher gesehen, und zwar dort, woher die Wellen kamen? Doch diese Frage interessiert die Physiker ebensowenig wie die alten Babylonier die Frage, ob es wirklich geregnet hat, als der Mond rot schien. Kurzum, um es nochmals zu betonen: Die Logik ist hier völlig umgedreht. Aus der Wirkung schließt man auf die Ursache, die ebendiese Wirkung hervorrufen sollte, rein theoretisch.

Aber beschäftigen wir uns mit den theoretischen Voraussetzungen. Doch die sehen eher trübe aus. Nachdem Einstein den Äther erst abgeschafft, dann, 1920, wieder eingeführt hatte, kamen die alten Probleme mit diesem Wellenmedium in ungeheuer verstärktem Maße wieder hoch. Zwar spricht niemand mehr das Ä-Wort aus, es ist so verpönt wie ein N-Wort in der Gesellschaft. Heute heißt das Gebilde "kosmisches Fluid", aber es ist noch viel paradoxer als der gute alte Licht-Äther, den Einstein zur Freude aller Physiker abschaffte.

Zwei tanzende schwarze Löcher erzeugen Gravitationswellen

Nun denn: Transversale Wellen (und das sind Gravitationswellen auch) brauchen ein Medium von gewissen Steifigkeit. Sagte ich 'gewisser'? Es muss richtig hart, kompakt, steif und unerschütterlich sein. Florian Freistetter sagt dazu:

"Die Raumzeit ist eben nicht das dehnbare Gummituch, als die sie in Veranschaulichungen immer präsentiert wird. Der Elastizitätsmodul (das ist ein Maß dafür, wie stark sich ein Objekt Verformungen widersetzt) von Gummi beträgt 0,1 Gigapascal. Ein Stück Holz hat einen Wert von 10 GPa. Bei Stahl sind es 200 GpA; bei Diamant 1200 GPa. Das ist schon ziemlich viel – aber nichts im Vergleich zur Raumzeit. Die hat einen Elastizitätsmodul von 10^{24} Gigapascal! Die Raumzeit ist verdammt starr und deswegen muss man ja auch mit kollidieren schwarzen Löchern und explodierenden Sternen auf sie einschlagen, damit sich überhaupt etwas tut."

Was heißt: Sollte es Gravitationswellen geben - und es muss sie geben, schließlich wurde für ihre Entdeckung ein Nobelpreis ausgelobt - dann muss das Weltall von einer Substanz erfüllt sein, die 10^{21}-mal härter ist als Diamant. Wieso merken wir nichts davon?

Solche Überlegungen haben Einstein erst mal nicht gejuckt. Zusammen mit NATHAN ROSEN schrieb er 1937 darüber einen Artikel ("On gravitational waves", Journal of the Franklin Institute 223, 43-54, 1937). Darin schildern die Autoren die Voraussetzungen für das Zustandekommen von Gravitationswellen:

- Erst wird eine **flache Welt** vorausgesetzt. Abweichungen davon sollten nur geringfügig sein (später sogar "infinitesimal"), d.h., das **Gravitationsfeld ist schwach**, also brauchen wir überhaupt keine "allgemeine Relativitätstheorie".

- Später werden Gravitationswellen **durch die stärksten überhaupt denkbaren Schwerkraftfelder** erzeugt, durch den Zusammenstoß zweier schwarzer Löcher - der erste Widerspruch. Doch das stört die Autoren nicht. Als nächstes behaupten sie:

- Das **Gravitationsfeld ist nur "scheinbar"**, sozusagen ein Geisterfeld mit realen Auswirkungen. Weiters:

- Das Gebiet, das mathematisch beackert wird, umfasst nur **einen kleinen Radius um das Zentrum der Wellenentstehung**, und es ist klein gegenüber der Wellenlänge. Da diese nicht feststeht - sie schwankt laut Berechnungen zwischen mehreren tausend Kilometern bis hin zu Atommaßstäben - bleibt hier reichlich Raum für Spekulationen.

Am erstaunlichsten ihre Behauptung:

- Die Quelle der Wellen (sie wird nicht näher charakterisiert) **muss sich langsam bewegen**. Nicht, weil dadurch Wellen entstehen - die brauchen meist was Schnelles - sondern weil sonst nicht gerechnet werden kann. Irgendwann bekommen die Autoren selbst Zweifel, als sie feststellen: *... vorausgesetzt, die Näherungsmethode ist wirklich gerechtfertigt.*

- Strenge Lösungen ergeben sich nur für Zylinderkoordinaten, und diese **Lösungen sind singularitätsfrei** - also **ohne Schwarze Löcher**. Woher kommen dann Energie und Impuls? Kein Wunder, dass Einstein den Glauben an Gravitationswellen dann aufgab.

Um die Sache anschaulich zusammen zu fassen: Ich möchte gern die Temperatur der Sonne messen. Allerdings setze ich voraus, dass diese nicht über Zimmertemperatur liegt. Meine Messgeräte schaffen nämlich nicht mehr, meine Formeln auch nicht.

Noch eine Pikanterie am Rande: Die Zeitschrift, in der dieser Artikel erschien, ist den wenigsten bekannt. Ursprünglich sollte er auch in der "Physical Review" veröffentlicht werden. Doch als Einstein erfuhr, dass es dort einen kritischen Manuskript-Gutachter gab, zog er die Veröffentlichung zurück. Niemand darf ein Genie korrigieren! Hier sein empörter Brief (von mir übersetzt):

Wir (Hr. Rosen und ich) haben Ihnen unser Manuskript zur Publikation übersandt. Wir haben Sie nicht autorisiert, es irgendeinem Spezialisten vor der Veröffentlichung zu zeigen. Ich sehe keinen Grund, auf die - ohnedies falschen - Kommentare Ihres anonymen Experten einzugehen. Auf Grundlage dieses Vorfalls ziehe ich es vor, den Artikel anderswo zu veröffentlichen.

Noch pikanter: In der Ursprungsversion des Artikels stellten die Autoren fest: **Es kann keine Gravitationswellen geben.** Die Fahnen waren schon gedruckt, als Einstein einen jungen Physiker in Princeton traf, der ihn überzeugen konnte: Gravitationswellen sind *doch* möglich, wenn man Zylinderkoordinaten verwendet. Der Name des Physikers: HOWARD PERCY ROBERTSON - der Kritiker des Einstein-Manuskripts, wie sich später herausstellte! (Quelle: Daniel Kennefick: Einstein Versus the Physical Review. Physics Today 58, 9, 43 (2005))

Jetzt zu den mathematischen Grundlagen, die ich in einer renommierten Mathematikzeitschrift gefunden habe ("The Mathematics of Gravitational Waves", in: Notices of the American Mathematical Society, Vol. 64 No.7, August 2017). Grundsätzlich: Einstein hat keine Gravitationswellen vorausgesagt, im Gegenteil. Er hat deutlich gemacht, dass es Schwarze Löcher nicht geben kann und dann erst recht keine Wellen, die von ihnen ausgehen. Die Begründung: In Schwarzen Löchern gibt es Unendlichkeiten ("Singularitäten"), und das ist unphysikalisch, denn in der Natur kommt Unendliches nicht vor.

Erst nach seinem Tod wagten sich einige ehrgeizige Physiker aus der Deckung und fingen an, seine Gleichungen nach ihren Wünschen zu formen. Weil seine Gleichungen zu kompliziert sind, hat man sie vereinfacht ("linearisiert"), und so schreibt die Zeitschrift:

*"Was sich daraus physikalisch ergibt, ist **nicht physikalisch**; es sind "Artefakte" (künstlich hervorgerufene Effekte) der vereinfachten Theorie."*

Damit könnte man das Kapitel abschließen, doch ehrgeizige Menschen lassen sich durch solche Kleinigkeiten nicht abschrecken. Also wird den Einsteinschen Formeln flugs ein neues Glied angefügt, der "Ricci-Tensor" wird zu "Nullstaub" reduziert, schon sind Gravitationswellen möglich. Mit Unendlichkeiten.

Jetzt kommt das nächste Problem: **Die Einsteinschen Gleichungen sind nicht lösbar**, d.h., sie sind zu kompliziert, man kann aus ihnen nicht wieder eine neue Formel für ebendiese Wellen ableiten. So muss man zu **Näherungslösungen** greifen, zu Computer-Berechnungen. Das ist eine altbewährte Methode, sofern die Werte nicht allzusehr schwanken. Bei Schwarzen Löchern schwanken sie aber enorm - sie werden unendlich. Jede Näherung wird damit sinnlos, denn wie klein auch immer das Berechnungs-Intervall gewählt wird, irgendwann kippt die Rechnung aus allen Fugen und der Computer verweigert seinen Dienst.

Kein Problem für einen erfindungsreichen Physiker. Unendlich ist zuviel? Na gut, dann machen wir halt endliche Schwarze Löcher. Die werden irgendwie **gedämpft**, so weit, dass der Computer nicht durchdreht, und munter rechnen wir jetzt mit den Gebilden, die plötzlich etwas ganz anderes sind - alles andere jedenfalls als Schwarze Löcher. Egal, nennen wir sie trotzdem so, wird schon keiner merken.

Nun sollte man glauben, die "babylonische Logik" wäre das Nonplusultra des Unsinns. Aber nein. Mitten drin im gelehrten Aufsatz steht ein Satz, so unglaublich, dass ich am Verstand der Autoren zweifle. Da heißt es nämlich:

Schwarze Löcher entstehen durch Gravitationswellen.

Also nochmal: **Gravitationswellen entstehen durch Schwarze Löcher.** Und: **Schwarze Löcher entstehen durch Gravitationswellen.** Die Henne legt ein Ei, aus dem entsteht die Henne, die ein Ei legt, welches ...

Eigentlich braucht man sich mit so absurden Gedanken nicht weiter auseinander setzen. Hier nur noch ein paar Höhepunkte der Gelehrsamkeit:

- *"Wir erwarten, dass sich **Gravitationswellen mit Lichtgeschwindigkeit ausbreiten**."* Also nicht: Wir haben das berechnet oder gar gemessen, nein, es passt uns grad ins Konzept. Würden sie das nicht tun, wären alle Berechnungen und Messungen sinnlos. Also müssen sie ... Und am Ende des Aufsatzes heißt es: *"Zukünftige Untersuchungen **werden zeigen, ob sich Gravitationswellen mit Lichtgeschwindigkeit ausbreiten**."* Dabei ist ihre Ausbreitungsgeschwindigkeit ganz wesentlich für Theorie (Berechnung) und Praxis (Entdeckung)!

- Die ursprünglichen Gleichungen sind so kompliziert, dass sie, wie schon gesagt, "linearisiert" (stark vereinfacht) wurden. Dazu die Autoren: *"**Es bleibt zu hoffen, dass diese Gleichungen das Verhalten von Gravitationsstrahlung adäquat wiedergeben**."* Es bleibt zu hoffen - kein Nachweis, dass die Gleichungen irgendwie die Wirklichkeit widerspiegeln. Auf dieser Hoffnung beruht dann die Entdeckung dieser angeblichen Wellen!

- *"**Wir müssen voraussetzen, dass sich die Schwarzen Löcher langsam bewegen**."* Wenn zwei supermassive Körper einander nähern, sollen sie brav langsam bleiben, nur weil die Physiker mit schnellen Bewegungen nicht klarkommen? Wollen wir jetzt unsere Methoden der Wirklichkeit anpassen oder die Wirklichkeit unseren Formeln?

- Die **Schwarzen Löcher** dürfen **nicht allzu schwer** sein, sonst geht nix mit Formeln. Aber sind Schwarze Löcher nicht die schwersten Körper im Universum? Was dürfen sie eigentlich?

- Die Berechnung der Bewegung **zweier** sich nähernder **Schwarzer Löcher** ist zu kompliziert. So werden sie **zu einem einzigen Schwarzen Loch zusammengefasst**. Was dabei herauskommt, hat mit der Wirklichkeit nichts zu tun, wie die Autoren zugeben. Also wird das Ergebnis wieder ein wenig korrigiert, bis das entsteht, was man eigentlich gern hätte oder was der Computer noch schafft.

Um die Sache anschaulich zusammen zu fassen: Ich möchte die Geschwindigkeit vorbeifahrender Autos messen. Allerdings setze ich voraus, dass diese nicht schneller als 10 km/h fahren, mein Messgerät schafft nicht mehr, meine Formeln auch nicht.

Und hier die Praxis:

Früher stützte sich Wissenschaft auf Experimente und deren Überprüfbarkeit. Heute genügen sensationelle Behauptungen, schon gibt's die höchste Auszeichnung für einen Wissenschaftler.

Der Physiker JOSEPH WEBER vom "Institute for Advanced Study", wo auch Einstein einst wirkte, war überzeugt, mit seinen Detektoren, die aus großen Aluminium-Metallzylindern mit aufgeklebten Piezoelementen bestanden, 1960 Gravitationswellen nachgewiesen zu haben. Das glaubte er bis an sein Lebensende; die Fachwelt aber nicht. Denn die hat seine Daten bald als Rauschen entlarvt, sozusagen als physikalische Fake-News.

Doch es ging weiter. Im März 2014 wollten Astrophysiker mit dem Bicep2-Teleskop am Südpol Gravitationswellen aus der ersten Sekunde nach dem Urknall nachgewiesen haben. Endlich sollte die Menschheit erfahren können, wie alles begann. Der Fund wurde lautstark verkündet, in den Schlagzeilen aufgegriffen und weltweit als eine der größten wissenschaftlichen Entdeckungen gefeiert - zu Unrecht, wie sich bald herausstellte. Die Daten stammen von kosmischem Staub. Gelernt haben die Physiker nichts daraus.

Denn schon zwei Jahre später wiederholte sich das Schauspiel. 2016 ging wieder einmal eine sensationelle Wissenschaftsmeldung durch die Welt: Dem Gravitationswellen-Observatorium LIGO in den USA wäre der Nachweis von Gravitationswellen gelungen. Zwei Schwarze Löcher wären zusammengestoßen (unbeobachtet), und man hätte die dabei entstandenen Gravitationswellen gemessen (wissenschaftliche Veröffentlichung, ca. tausend Autoren). Die Messgenauigkeit war so, dass man über vier Kilometer Entfernung mit Hilfe von Laserlicht und Spiegeln eine Verschiebung ebendieser Spiegel messen konnte, die einem tausendstel des Durchmessers eines Protons entspricht. Das wäre umgerechnet der Bruchteil eines Atomdurchmessers auf der Entfernung Erde-Mond, oder die Breite eines Haars auf der Entfernung Erde - nächster Fixstern. Wirklich erstaunlich, zumal die bisherige relative Auflösung - mit Hilfe des sogenannten Mössbauer-Effekts - nur ein Millionstel davon beträgt.

Nichts ist heute unmöglich. Man kann sicher auch Waagen bauen, die das Gewicht eines Atoms bestimmen, indem man es in die Waagschale legt und die Waage dann möglichst zitterfrei hält. Allerdings gibt es dafür zwei Voraussetzungen:

(a) Fremdeinflüsse müssen im Rahmen der erzielbaren Genauigkeit zuverlässig ausgeschaltet werden. Wie das geschieht, sollte der Nutzer im Detail erfahren.

(b) Die Waage muss geeicht sein, Details über die Eichung müssen bekannt sein. Es muss eine "Eichkurve" geben.

So dachten auch die beiden wissenschaftskritischen Autoren JOCELYNE LOPEZ (Juristin, Spezialistin für Einstein-Theorien) und WOLFGANG ENGELHARDT (langjähriger Mitarbeiter am Max-Planck-Institut für Plasmaphysik in Garching). Da sie in der Originalveröffentlichung keine Angaben darüber fanden, wandten sie sich an das (aus Steuermitteln finanzierte) Albert-Einstein-Institut in Potsdam, welches maßgeblich an der Entwicklung des Gravitationswellen-Sensors beteiligt war.

Lopez und Engelhardt fragten nicht nur (abwechselnd) nach den Methoden, mit denen die Auflösung um eine Million gesteigert werden konnte, sondern auch danach, wie oft eine derart diffizile Messung bisher durchgeführt wurde, denn von einmal kann man wenig sagen. Antwort des Instituts (natürlich nur verkürzt, ich berichte nur die erstaunlichen Höhepunkte): "*Bei dieser hochpräzisen Messung handelt es sich nicht um ein „unbegreifliches Wunder" sondern um das Ergebnis von vielen Jahrzehnten Grundlagenforschung auf höchstem Niveau.*"

Aha. Bei genauerer Berechnung ergibt sich nun auch noch, dass zur Feststellung der Verschiebung der schweren Spiegel genau vier Lichtteilchen vorhanden waren. Ein bisschen wenig für eine so sensationelle Entdeckung aus dem Gebiet der Astrophysik. Und die früheren Einsätze, die Eichkurve? Die wäre in aller Ausführlichkeit in der Veröffentlichung „Calibration of the

Advanced LIGO detectors for the discovery of the binary black-hole merger GW150914" beschrieben. Unsere Amatörforscher besorgten sich die Veröffentlichung, da stand aber nichts dergleichen drin. Der Herr vom Einstein-Institut wusste auch nicht weiter, ein anderer Laser-Spezialist verwies darauf, dass es sich bei der Messung um eine "Heterodyndetektion des Signals" handelt. Gut, in der Literatur ist dann die Rede von einer "Homodyndetektion", aber wer wird's denn so genau nehmen mit den Worten. Ob "Hetero" oder "Homo", was soll's. Wir leben schließlich in einer toleranten Gesellschaft.

Zuletzt stellte sich heraus: Es gibt keine Eichkurve. Es gibt keine Erklärung für die angeblich millionenhaft gesteigerte Genauigkeit. Es gibt keinen Nachweis für Gravitationswellen. Aber es gibt Schwarze Löcher - in den Budgets der Staaten, die solche Unternehmungen finanziell unterstützen, und in den Hirnen derer, die sowas propagieren. Willkommen im Zeitalter des Postfaktischen!

Der krönende Abschluss dieses ganzen "alternativen Wahrheiten-Märchens": 2017 wurde den Wissenschaftlern dafür der Physik-Nobelpreis verliehen. Jetzt können sie weiterhin enorm teure Experimente und die "Trumpisierung" der Physik mit höchster Billigung vorantreiben. Kläffende Hunde, die von nichts was verstehen, sind da nicht willkommen. Oder Kinder, die dreist behaupten: Der Kaiser ist ja nackt.

Wer vergibt Nobelpreise?

Nehmen wir einmal versuchsweise an, es wäre uns gelungen, das Programm der allgemeinen Relativitätstheorie konsequent durchzuführen. Laufen wir dabei nicht Gefahr, uns mit unseren Spekulationen zu weit von der Wirklichkeit zu entfernen? Einstein/Infeld: Die Evolution der Physik

Jetzt wollten wir aber doch wissen, wer denn für die Vergabe eines Preises verantwortlich war, der, laut Nobel, denen gebührt, *"die im verflossenen Jahr der Menschheit den größten Nutzen geleistet haben."* Man fragt sich natürlich, wo da der größte Nutzen für die Menschheit ist, aber sei's drum.

Erstaunlicherweise hat das schwedische Nobelpreiskomitee die Juroren veröffentlicht. So kann sich auch der Laie ein Bild davon machen, wer solche Theorien und Untersuchungen toll findet. Von den neun Mitgliedern sind zwei reine Theoretiker, die sich mit dunkler Materie und dunkler Energie beschäftigen (Lars Bergström, Thors Hans Hansson). Eine fand tief unten im Eis der Antarktis außersolare Neutrinos, also Teilchen, die keine Masse und keine Ladung haben (Olga Botner). Einer, der sich mit Supraleitern beschäftigt, hat im Fernsehen das Zwillings-Paradoxon erklärt (befriedigend, wie es scheint)(Per Delsing). Von den Theoretikern sind also zwei Anhänger einer höchst zweifelhaften und physikalisch unsinnigen Hypothese, die etwas erklären soll (die beschleunigte Expansion des Universums), was höchstwahrscheinlich gar nicht vorhanden ist. Die Dame findet Teilchen, die man eigentlich nicht finden kann, und dann noch im tiefen Eis. Und der Experimentalphysiker fühlt sich verpflichtet, den Fernsehzuschauern (also Laien) klar zu machen, dass ein Jahrhunderte altes Problem befriedigend gelöst ist (was es nicht ist). Ob sie bei der Nobelpreisvergabe vielleicht auch an ihre eigenen Forschungen dachten ???

Resumé

Fassen wir die wichtigsten Mängel der Allgemeinen Relativitätstheorie (ART) zusammen:

- Die ART geht von einer falschen physikalischen Voraussetzung aus: **Nicht alle beschleunigten Bewegungen sind durch Gravitationskräfte ersetzbar**, schon gar nicht umgekehrt. Dies gilt erst recht nicht im Bereich nicht-gravitativer Kräfte (Elektrizität, Magnetismus).

- Die ART kann **nicht** einmal das allereinfachste physikalische Problem berechnen, **die Anziehungskraft zweier Körper**.

- Die ART kann die **Periheldrehungen der Planeten nicht korrekt** voraussagen.

- Die ART arbeitet mit falschen mathematischen Gebilden, nämlich mit Pseudo-Tensoren, welche das elementarste physikalische Prinzip **verletzen**, nämlich **das Energie-Erhaltungsprinzip**. Nach DAVID HILBERT, der Einsteins Gleichungen vervollkommnete, gibt es in der ART überhaupt keine Gleichungen für die Energie.

- Die ART **verletzt** das elementarste aller physikalischen Prinzipien, nämlich **das Kausalitätsprinzip** (HILBERT 1917).

- Die ART **hat mit der Wirklichkeit nichts zu tun**. Originalton *Albert Einstein*:

Das Postulat der allgemeinen Kovarianz (= die Formeln sehen in allen Koordinatensystemen gleich aus) *nimmt von Raum und Zeit die letzten Spuren einer physikalischen Objektivität weg.*

- Die Gleichungen der ART sind so allgemein und komplex, dass **sogar Schreibfehler zu Lösungen führen!** (Siehe Literatur HOENSELAERS)

Und wozu brauchen wir die beiden Theorien? Antwort: Zu nichts. Die Zunahme der Massenträgheit bei hohen Geschwindigkeiten wird in den großen Beschleunigerringen berechnet, aber die hat, wie wir schon sagten, nichts mit der SRT zu tun. Die Korrekturen im GPS sind minimal, und dass die Zeit in großer Höhe schneller verläuft, ist ein Mythos. Atomuhren gehen schneller bei weniger Schwerkraft, und das wird bei ihrer Initialisierung vor dem Abschuss ins All auf Grund von Erfahrungswerten berücksichtigt.

Also: Die Relativitätstheorien sind geistige Spielereien, die Hunderttausende von Fachleuten beschäftigen! Warum auch nicht; wenn wir dafür nichts zahlen müssen ...

Von wem stammt die ART?
Streit unter Gelehrten

Ich habe schon wieder was verbrochen in der Gravitationstheorie, was mich ein wenig in Gefahr setzt, in einem Tollhaus interniert zu werden." - Einstein: Brief an Paul Ehrenfest, 4. Februar 1917

(1) **Einstein contra Abraham**. Einer von Einsteins Vorgängern hieß MAX ABRAHAM (1875-1922). Mit ihm lieferte sich Einstein den ersten Prioritätsstreit bezüglich der ART. Abraham war der erste, der Einstein auf die Notwendigkeit eines Äthers in der ART hinwies, was dieser auch 1920 dann zugeben musste. Einer der Gründe: Ohne Medium gibt es keine Wellen - also auch keine Gravitationswellen. Abraham zeigte Einstein auch die Unhaltbarkeit des Postulats einer stets konstanten Lichtgeschwindigkeit. Einstein wollte dieses Postulat wenigstens im unendlich Kleinen (im "Infinitesimalen") aufrecht erhalten. Doch selbst dann, so erkannte er, gelten

die Lorentztransformationen, also die Grundlagen der SRT, nicht mehr. Dazu Originalton Einstein:

"Abraham bemerkt, ich hätte durch das Aufgeben des Postulates von der Konstanz der Lichtgeschwindigkeit und durch den damit zusammenhängenden Verzicht auf die Invarianz der Gleichungssysteme gegenüber Lorentztransformationen der Relativitätstheorie den Gnadenstoß gegeben. Um hierauf zu antworten, bedarf es einer Überlegung über die Grundlagen der Relativitätstheorie."

In der "Physikalischen Zeitschrift" im Jahre 1912 lieferten sich die beiden ein hitzköpfiges geistiges Duell. Und Einstein war wieder mal dabei, die Ideen von jemand anderen zu "nostrifizieren", sie sich zu eigen zu machen, als eigene zu publizieren und seine Vorgänger zu leugnen:

"Abraham behauptet, ich hätte seine Ausdrücke für die Energiedichte und für die Spannungen im Schwerefeld benutzt. Dies trifft nicht zu; nach Abraham ist beispielsweise die Energiedichte im statischen Schwerefeld c^2/γ grad²c, nach meiner Theorie: 1/(2k) grad²c/c. Das Eingehen von c ist in beiden Theorien verschieden."

(Wenn die Bemerkung gestattet ist: Die Formeln sind absolut gleich, bis auf konstante Faktoren!) Einmal musste Einstein seinen Diebstahl sogar zugeben:

*"Abraham macht mich ferner darauf aufmerksam, dass er bereits in seiner Arbeit den Ausdruck ... für die Energie des materiellen Punkts im Schwerefeld angegeben hat; **ich hatte dies leider übersehen**." (4. Juli 1912)*

Kann vorkommen, aber irgendwann steckte Einstein zurück und beendete die Diskussion:

"Da jeder von uns beiden seinen Standpunkt mit der nötigen Ausführlichkeit vertreten hat, halte ich es nicht für nötig, auf Abrahams vorliegende Notiz wieder zu antworten. Ich möchte hier einstweilen den Leser nur darum ersuchen, mein Schweigen nicht als Einverständnis zu deuten." August 1912 (eingegangen 2. September 1912).

An seinen Assistenten Ludwig Hopf schrieb er:

*"Mit der Gravitation geht es glänzend. Wenn nicht alles trügt, habe ich nun die allgemeinsten Gleichungen gefunden. **Abraham hat** – wie Sie vielleicht gesehen haben – mich neulich samt der Relativitätstheorie in zwei wuchtigen*

*Angriffen totgeschlagen und **die einzig richtige Gravitationstheorie (unter «Nostrifikation» meiner Resultate) geschrieben** (phys. Zeitschr.), ein stattliches Ross, dem aber drei Beine fehlen!"*

Abraham hatte ihn auch auf einen Fehler aufmerksam gemacht: Einstein glaubte bewiesen zu haben, dass eine bestimmte Größe ein Tensor ist. Abraham zeigte: $E_{\mu\nu}/\sqrt{-g}$ ist *kein* Tensor! Was die Bemühungen des Meisters ziemlich zunichte machte.

Doch Abraham war nur der Anfang. Den wirklich großen Streit lieferte sich Einstein mit den Mathematikern David Hilbert und Elie Cartan. Doch vorher war noch die Sache mit der "nostrifizierten" Formel von Gerber:

(2) **Einstein contra Gerber**. Die Formel, in der die Periheldrehung der Merkurbahn vorkommt, hatte schon PAUL GERBER 1898 abgeleitet. Allerdings setzte er den Wert von ca. 42" pro Jahr Abweichung voraus (er war ja bekannt) und berechnete auf Grund eines modifizierten Anziehungsgesetzes sowie eines neuen Gravitationspotentials die **Geschwindigkeit der Schwerkraft**; sie ergab sich zur Lichtgeschwindigkeit. Gerbers Formel sah so aus (daneben die Formel von Einstein aus dem Jahr 1915):

$$\Psi = 24\pi^3 \frac{a^2}{\tau^2 c^2 (1 - \epsilon^2)} \qquad\qquad \varepsilon = 24\pi^3 \frac{a^2}{T^2 c^2 (1 - e^2)}$$

Links: Gerbers Formel, rechts: Einsteins Formel.
Wo ist der Unterschied ???

Die Ähnlichkeiten sind ja wirklich verblüffend. Aus rein eigenem Antrieb kann Einstein zu dieser Formel nicht gekommen sein, dazu sind seine Gleichungen zu unbestimmt, seine Vereinfachungen zu zahlreich, seine Annahmen zu willkürlich. Die Ableitung sieht weniger wie eine mathematisch korrekte Rechnung aus denn wie ein undurchsichtiges Zauberkunststück.

Zudem weist WOLFGANG ENGELHARDT auf eine Seltsamkeit hin: Es ist nicht einzusehen, warum Einstein nicht die eigene, einfachere Formel

$$\varepsilon = 3\pi \frac{\alpha}{a\left(1 - e^2\right)}$$

als Ergebnis publiziert hat. Er führte dann die Bahnperiode T ein - und flugs materialisierte sich Gerbers Formel.

Wir sind fast zu der Annahme gezwungen, Einstein hätte auch hier die Originalarbeit gekannt. Gesagt hat er natürlich nichts, und das Ganze wäre auch in gnädiger Vergessenheit versunken, hätte nicht sein ihm übelwollender Kollege ERNST GEHRCKE die Gerbersche Abhandlung entdeckt und darauf bestanden, dass sie veröffentlicht wird. Was dann auch geschah. Und Einsteins Reaktion? 1920 schrieb er dazu:

Herr Gehrcke will glauben machen, dass die Perihelbewegung des Merkur auch ohne Relativitätstheorie zu erklären sei. Er beruft sich dabei auf eine Arbeit von Gerber, der die richtige Formel für die Perihelbewegung des Merkur bereits vor mir angegeben hat. Aber die Fachleute sind nicht nur darüber einig, dass Gerbers Ableitung durch und durch unrichtig ist, sondern die Formel ist als Konsequenz der von Gerber an die Spitze gestellten Annahmen überhaupt nicht zu gewinnen. Herrn Gerbers Arbeit ist daher völlig wertlos, ein mißglückter und irreparabler theoretischer Versuch.

Ich konstatiere, dass die allgemeine Relativitätstheorie die erste wirkliche Erklärung für die Perihelbewegung des Merkur geliefert hat. Ich habe die Gerbersche Arbeit ursprünglich schon deshalb nicht erwähnt, weil ich sie nicht kannte, als ich meine Arbeit über die Perihelbewegung des Merkur schrieb; ich hätte aber auch keinen Anlaß gehabt, sie zu erwähnen, wenn ich von ihr Kenntnis gehabt hätte.

Und ganz allgemein zu seinem Unwillen, Quellen zu zitieren:

Es scheint mir in der Natur der Sache zu liegen, dass das Nachfolgende zum Teil bereits von anderen Autoren klargestellt sein dürfte. Mit Rücksicht darauf jedoch, dass hier die betreffenden Fragen von einem neuen Gesichtspunkt aus behandelt sind, glaubte ich, von einer für mich sehr umständlichen Durchmusterung der Literatur absehen zu dürfen, zumal zu hoffen ist, dass diese Lücke von anderen Autoren noch ausgefüllt werden wird, wie dies in dankenswerter Weise bei meiner ersten Arbeit über das Relativitätsprinzip durch Hrn. P l a n c k und Hrn. K a u f m a n n bereits geschehen ist. ("Über die vom Relativitätsprinzip geforderte Trägheit der Energie". Annalen der Physik Reihe 4 Band 23 1907, S. 373).

Das klingt nicht gerade sachlich-nüchtern, eher eingebildet-arrogant. Vor allem: Wenn die beiden Formeln identisch sind und Gerbers Ableitungen "durch und durch" falsch, müssten auch Einsteins Ableitungen durch und durch falsch sein. Zudem hat Einstein (nach den Berechnungen von Engelhardt) die relativistische Massenzunahme ignoriert. Sonst wäre er ja nicht auf die gleiche Formel gekommen. Wieder mal eine "Nostrifizierung"?

Nun muss etwas richtiggestellt werden, das in der Literatur immer falsch dargestellt wird. Wir haben es schon erwähnt: Gerber hatte gar nicht die Periheldrehung der Merkurbahn berechnen wollen, denn die war ja bekannt. Gerber wollte auf Grund dieses Wissens die **Ausbreitungsgeschwindigkeit der Gravitation** bestimmen. Das erkannte auch Ernst Mach, der in der 5. Auflage seiner "Die Mechanik in ihrer Entwicklung" (1904) schrieb: *Nur Paul Gerber findet aus der Perihelbewegung des Mercur, 41 Secunden in einem Jahrhundert, die Ausbreitungsgeschwindigkeit der Gravitation gleich der Lichtgeschwindigkeit.*

Gerber übertrug dazu eine damals weit verbreitete und angesehene Theorie elektrischer Kräfte, die Theorie von WEBER und NEUMANN, auf die Schwerkraft und modifizierte sie durch Einführung eines Potentials, welches die Wirkung von Kräften von "unendlich schnell" (bei Weber & Neumann) auf einen endlichen, wenn auch unbekannten Wert reduzierte. Diesen Wert konnte Gerber berechnen - es war die Lichtgeschwindigkeit im Vakuum. Einstein hatte diesen Wert vorausgesetzt - ohne Begründung.

(3) **Einstein contra Hilbert**. Dieser Streit zeigt wieder einmal, wie Wissenschaft in Fachzeitschriften betrieben wird. Er zeigt aber auch, wie das Konzept der Symmetrie (oft gleichbedeutend mit "Harmonie") einen Physiker (Einstein) in eine Sackgasse treibt, während ein Mathematiker (Hilbert) unbeeindruckt davon seine Berechnungen nach höheren Prinzipien durchführt und Symmetrien höchstens als Hilfsmittel betrachtet, nicht als Endziel.

Schauen Sie sich die beiden Formeln an:

$$(1)\ A = B$$

$$(2)\ A + x = B$$

Welche gefällt Ihnen besser? Jeder Physiker würde sagen: Formel (1), denn was soll das blöde x in Formel (2), egal, was es bedeutet? Genauso dachte Einstein, mit fatalen Folgen.

Einstein verwendete als mathematische Grundlage für seine neue Theorie die Tensorrechnung, damals noch "Ricci-Kalkül" genannt. In diesem Kalkül gibt es eine Größe R_{ik}, den Krümmungs- oder Riccitensor, der die Raumkrümmung in jedem Punkt beschreibt. Damit hätten wir die linke Seite. Auf der rechten Seite dachte sich Einstein einen Tensor aus, der alles physikalisch Bedeutungsvolle enthält (Massen, Energien, Potentiale). Er nannte ihn "Energie-Impuls-Tensor" und bezeichnet ihn mit T_{ik}. Und so fand er eine Formel, die in allereinfachster Schreibweise so aussieht:

$$R_{ik} = kT_{ik}$$

k ist eine Konstante zur Umrechnung mathematischer Einheiten in physikalische. Diese Formel entspricht genau Einsteins Programm - bloß, sie war falsch, was sich dann zeigte, wenn er sie in ein anderes (beliebiges) Koordinatensystem übertragen wollte. Auch sein Mathematikerfreund MARCEL GROßMANN konnte ihm nicht helfen. Dabei arbeiteten die beiden jetzt schon beinahe 10 Jahre an dem Problem!

Verzweifelt fuhr Einstein 1915 nach Göttingen, der Hauptstadt der mathematischen Physik, und hielt dort einen Vortrag über seine Pläne und Probleme. DAVID HILBERT (1862 - 1943), einer der größten Mathematiker des 20. Jahrhunderts und immer stark an Grundlagenfragen der Physik interessiert, hörte aufmerksam zu, setzte sich danach an seinen Schreibtisch und hatte - mit Hilfe eines von ihm verfeinerten mathematischen Verfahrens - in kürzester Zeit die korrekte Formel. Die sah so aus:

$$R_{ik} - \tfrac{1}{2}g_{ik}R = kT_{ik}$$

also genau die Form der Formel (2) von oben. Aber was sollte das Zusatzglied? Es lieferte ja nicht einmal zusätzliche Informationen. R ist die Gesamtkrümmung des Raums, also eine Art Mittelwert über die R_{ik}, mithin nichts wirklich Neues. g_{ik} ist die sogenannte Metrik des Raums, die man braucht, um Entfernungen zu messen oder von einem Koordinatensystem in ein anderes überzugehen.

Im nachhinein wird klar, wozu das Zusatzglied (das man keinesfalls erraten konnte) diente: Einstein setzte voraus, dass seine Formeln in allen

Koordinatensystemen gelten, und zur Koordinatentransformation braucht man eben die Metrik. Dass sie in dieser Form auftritt, konnte, wie gesagt, niemand erraten. Für Hilbert war das kein Problem gewesen: Die Gesamtformel ergab sich automatisch beim Berechnen, die Asymmetrie der Seiten störte ihn nicht.

Hilbert hatte Einsteins Programm gerettet, doch letzterer zeigte sich keineswegs dankbar. Wütend übernahm er das fehlende Glied und beschuldigte in einem Brief an einen Freund sogar Hilbert, von ihm, Einstein, abgeschrieben zu haben! Dass er das Glied übernommen hat, weiß man von seinem früher eingereichten Manuskript, wo es fehlt - in der endgültigen Version taucht es dann **ohne Begründung** auf, nachdem Einstein Hilberts Abhandlung gelesen hatte.

Hilbert überging vornehm seine Nichtbeachtung, zumal er immer wieder betonte, die ART sei Einsteins Werk. Als Mann mit großem Gerechtigkeitsgefühl anerkannte Hilbert Einsteins jahrzehntelange Bemühungen um eine einheitliche Theorie. Dass er, der große Mathematiker, zuletzt ein wichtiges Steinchen im Mosaik der Weltformel mitgeliefert hatte, war für ihn keine Erwähnung wert. Schließlich hat sich Einstein ja auch mit ihm wieder versöhnt, als er ihm schrieb:

"Es gab gewisse Ressentiments zwischen uns, deren Ursachen ich nicht weiter analysieren möchte. Ich habe gegen das Gefühl der Bitterkeit angekämpft, welches damit verbunden war, und das mit vollem Erfolg. Jetzt denke ich wieder von Ihnen mit unverminderter Freundlichkeit und ich bitte Sie, das gleiche mit mir zu machen. ... Es ist, objektiv gesehen, eine Schande, wenn zwei Männer, die sich ein wenig von dieser schäbigen Welt befreit haben, einander nicht Freude bereiten."

Allerdings kommt der angesehener Physik-Historiker JAGDISH MEHRA am Ende seiner Untersuchung "Einstein, Hilbert, and the Theory of Gravitation" zu dem Schluss:

"Einstein hat sich Hilberts Beitrag zu den Feldgleichungen der Gravitation 'angeeignet', als einen Gang seiner eigenen Ideen."

Hier der zeitliche Ablauf:

1913	Einstein veröffentlicht falsche Formeln
Sommer 1915	Einstein hält in Göttingen einen Vortrag über seine Ziele und präsentiert seine falsche Formel. Hilbert macht sich an die Arbeit und leitet die korrekte Formel mittels eines von ihm entwickelten Verfahrens ab.
20.11.1915	Hilbert legt die korrekte Formel in einem Manuskript nieder. Einstein erfährt davon und bittet Hilbert um Übersendung des Manuskripts, was dieser tut.
25.11. 1915	Einstein studiert das Manuskript und veröffentlicht seine Arbeit mit der korrekten Formel - ohne mathematische Begründung.
später	Einstein beschuldigt Hilbert, das fehlende Glied von ihm gestohlen zu haben
später	Einstein schlägt Hilbert vor, sich zu versöhnen

(4) Einstein contra Cartan

Beim nächsten Vorfall war es wieder ein Mathematiker, dessen Ideen Einstein ohne Quellenangabe verwendete. Der Franzose. ÉLIE CARTAN (1869 -1951) hatte die Idee gehabt, die Krümmungsfäden des Raums zu verdrillen, woraus sich zusätzlich zur Schwerkraft auch noch die Trägheit rein mathematisch ergeben sollte. Man nennt das "Fernparallelismus". In den Jahren 1922-1925 veröffentlichte Cartan seine Erkenntnisse.

Einstein, seit 1920 bis zu seinem Tod 1955 auf der Suche nach der Weltformel, griff die Ideen begierig auf und bastelte sich daraus eine Theorie - unter eigenem Namen. In seinem Artikel "Riemann-Geometrie mit Aufrechterhaltung des Begriffes des Fernparallelismus" (Preußische Akademie der Wissenschaften (Berlin). Physikalisch-mathematische Klasse. Sitzungsberichte (1928): 217-221), behauptet Einstein kühn:

Solche Bestrebungen haben mich zu einer Theorie geführt, welche ohne jeden Versuch einer physikalischen Deutung mitgeteilt werden möge ...

Haben **mich**! Dabei hätte Einstein jede Gelegenheit gehabt, Cartans Schriften zu lesen. In dem erwähnten Artikel frönte er, fast ist man versucht zu sagen: wie üblich, der Gewohnheit, **keinerlei Literaturangaben** anzufügen.

Cartan wies ihn auf einer Konferenz auf seine Ideen-Priorität hin, doch Einstein konnte sich an nichts erinnern. Cartan zeigte ihm einen Brief, den ihm Einstein geschrieben hatte, worin er sich für die Ideen des Herrn Cartan bedankte. Einstein konnte nun nicht mehr leugnen und versprach dem jungen Mathematiker, ihm in seinem nächsten Sammelband die Ehre der Priorität zu erweisen.

Und Einstein rächte sich für Cartans Unverschämtheit, ihm die Wahrheit gesagt zu haben: Im nächsten Sammelband war kein einziger Beitrag von Cartan. Die Urheberschaft für die Theorie des Fernparallelismus wurde von Einstein jemand anderem zugeschrieben, und der aufmüpfige französische Mathematiker wurde auch nie wieder erwähnt. Heute kennt ihn keiner.

März 1922	Cartan erklärt Einstein bei einer Tagung die Idee des "Fernparallelismus" (FP).
Juni 1928	Einstein veröffentlicht einen Artikel, in dem er sich als Entdecker des FP darstellt. Das schreibt auch sein Biograph Abraham Pais.
Mai 1929	Cartan weist Einstein darauf hin, dass diese Idee von ihm stamme. Einstein gibt das zu und verspricht, Cartans Rolle als dessen Entdecker demnächst herauszustellen.
Nov. 1929	Einstein hält in Paris einen Vortrag, wo er darauf hinweist, dass Cartan eine Geschichte dieses Konzepts geschrieben hätte - aber nicht, dass er den FP entdeckte. Später schreibt er ausdrücklich: "Diese Art von Raum wurde entdeckt von Weitzenböck, Eisenhart und Cartan."

Nachtrag: Wie Geschichte verfälscht wird

Dass Hilbert das fehlende Glied fand und Einstein es von ihm abkupferte, steht außer Zweifel. Schließlich gibt es eine zeitliche Reihenfolge, und die kann nicht verändert werden. Nichtsdestotrotz haben drei

Wissenschaftsautoren versucht, die Fakten nicht nur zu verdrehen, sondern direkt umzukehren.

Hier ist die traurige Geschichte, recherchiert und aufgezeichnet von DANIELA WUENSCH in ihrem lesenswerten Buch ""zwei wirkliche Kerle". Neues zur Entdeckung der Gravitationsgleichungen der Allgemeinen Relativitätstheorie durch Albert Einstein und David Hilbert". Mittäter an der Geschichtsverfälschung: Die renommierte Wissenschafts-Zeitschrift "Science", das Max-Planck-Institut für Geschichte der Wissenschaften, und noch zwei außereuropäische Universitäten.

Bis 1997 lagen die Fakten klar auf dem Tisch (wir haben sie im vorigen Kapitel geschildert), und sie wurden auch von der Wissenschaftler-Gemeinschaft als solche akzeptiert: Einstein hatte zehn Jahre nach der richtigen Formel für seine Allgemeine Relativitätstheorie gesucht und sie nicht gefunden. Ihm fehlte ein Glied, dessen Existenz keineswegs selbstverständlich war (die "Spur des Ricci-Tensors", kurz: der Spurterm). Als er im Sommer 1915 in Göttingen darüber einen Vortrag hielt, packte DAVID HILBERT, wohl der bedeutendste Mathematiker des 20. Jahrhunderts und an physikalischen Fragen stets sehr interessiert, das Problem an und hatte in kurzer Zeit die richtige Formel gefunden und am 20.11. schriftlich in einem Aufsatz niedergelegt. Einstein erfuhr davon, bat Hilbert um die Fahnen des (noch unveröffentlichten) Artikels, die ihm Hilbert auch schickte. Einstein fand das fehlende Glied und baute es flugs in seine Formel ein - ohne Ableitung oder Begründung! Er veröffentlichte seine Arbeit fünf Tage, nachdem Hilbert sein Manuskript eingereicht hatte, also am 25.11.1915. Mit der ihm eigenen Vorstellung von Realität drehte er dann den Spieß um und beschuldigte in einem Brief an einen Freund ihn, David Hilbert, des geistigen Diebstahls. Hilbert schwieg vornehm darüber, die Wissenschaftler waren sich einig: Einstein hatte die Forschung an einer einheitlichen Gleichung initiiert und vorangetrieben, Hilbert hatte sie vollendet.

Dann kamen LEO CORRY, JÜRGEN RENN und JOHN STACHEL, und schrieben in der Wissenschaftszeitschrift SCIENCE einen Artikel, in dem sie behaupteten: Auf Grund eines von ihnen gefundenen Manuskripts (Fahnenabzüge + handschriftliche Bemerkungen) aus der Staatsbibliothek Göttingen ergebe sich, dass es umgekehrt war: Einstein habe das fehlende Glied gefunden, Hilbert es von ihm übernommen, also gestohlen.

Aha, denkt der unbedarfte Leser: Die Herren fanden eine Abhandlung Einsteins, in der er schlüssig zeigte, wie sich das fehlende Glied mathematisch-logisch aus seinen Annahmen ergibt. Doch weit gefehlt! Die Herren fanden ein Manuskript von Hilbert, in dem ein Teil der mathematischen Ableitung herausgeschnitten war. Woraus sie zwei kühne Schlüsse zogen:

(1) Hilbert war nicht imstande, die Formeln abzuleiten, obwohl er eine eigens von ihm entwickelte Methode anwandte! (Später haben einige Autoren die Lücke geschlossen: Sie umfasst nur wenige Zeilen.)

(2) Deswegen muss Hilbert das fehlende Glied von Einstein gestohlen haben, obwohl dieser es nachweislich erst später verwendete, mithin Hilbert eine Art Zeitreise oder Harry-Pottersche Magie hätte anwenden müssen.

So weit so schlecht (jedenfalls, was Logik betrifft). Aber jetzt kommt das wirklich dicke Ding: **Das Manuskript war manipuliert.** Ein Teil war offensichtlich mit einer Schere herausgeschnitten, nämlich genau der Teil, in dem einige Zeilen der Ableitung stehen müssten. Die drei Autoren mussten es bemerkt (selber gemacht?) haben, aber sie erwähnten es nicht. Haben sie es übersehen? Sowas kommt in den besten Familien vor: Als man die Leiche des Eiszeit-Ötzis fand, wurde er gründlich untersucht, unter anderem auch mit Röntgenstrahlen. Doch erst zehn Jahre danach stellte man plötzlich fest: In seinem Schulterblatt steckte eine Pfeilspitze, die niemand bemerkt hatte.

So hätte es natürlich auch mit dem Hilbert-Manuskript sein können. Im Jahre 2004 untersuchte der Physik-Professor FRIEDWART WINTERBERG selbst das Original und machte die Manipulation (ausgeschnittener Teil, Neu-Nummerierung mit römischen Ziffern) publik. Ein Jahr später veröffentlichte DANIELA WUENSCH ihre ausführlichen Untersuchungen in dem oben erwähnten Buch. Zudem lieferten die russischen Autoren LOGUNOV, MESTVIRISHVILI und PETROV die fehlende (herausgeschnittene) Ableitungskette nach - sie nahm nur wenige Zeilen in Anspruch und passte genau in die Lücke.

Und wie reagierten die drei Autoren? Gingen sie auf Winterbergs Argumente so ein, wie unter Wissenschaftlern üblich, also sachlich, nüchtern, objektiv und nachvollziehbar? Entschuldigten sie sich gar, dass sie die Manipulation übersehen hätten? Aber nein doch! Das einzige, was ihnen einfiel, war eine wüste Beschimpfung des Herrn Winterberg. Einstein-Kritiker kennen das:

Herrn Winterberg wurde vorgeworfen, er leide an **Verfolgungswahn** und sei **Antisemit**. Das war sogar der Max-Planck-Gesellschaft zuviel, und sie distanzierte sich öffentlich von dem Trio infernal:

"Die Max-Planck-Gesellschaft distanziert sich von Renn, Corry und Stachel bezüglich ihrer Äußerungen zu Professor Friedwart Winterberg, nämlich,

1. dass Professor Winterberg einen paranoiden Schreibstil hätte,

2. dass Professor Winterberg gerne zu den Zeiten einer "jüdischen Physik in Deutschland" zurückkehren möchte, eine abwertende Äußerung, die in der Nazizeit gegenüber Einstein verwendet wurde."

Was den Prioritätsstreit betrifft, äußert sich die Max-Planck-Gesellschaft nicht. Und so glaubt die Mehrheit der Wissenschaftler immer noch, Hilbert hätte von einem drittklassigen Möchtegern-Mathematiker abgeschrieben. Es ist schon seltsam: Als ein Herr zu Guttenberg Texte ohne Quellenangabe verwendete, die niemand interessierten und mit denen er niemanden schädigte, wurde ein Haberfeldtreiben auf ihn veranstaltet, das er politisch nicht überlebte. Als drei eher unbekannte Autoren den Ruf des größten Mathematikers des 20. Jahrhunderts mit fadenscheinigen bzw. unlogischen Argumenten schädigten, hat sich niemand aufgeregt oder gar zu einer Gegendarstellung aufgerafft.

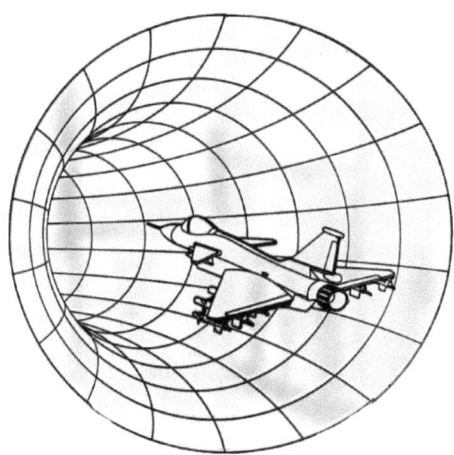

Literatur (nach Themen und chronologisch)

Allgemein

Robert Musil: **Der Mann ohne Eigenschaften**. Band 1: Rowohlt, Berlin 1930

Albert Einstein & Leopold Infeld: **Die Evolution der Physik** (1938)

Bertold Brecht: **Das Leben des Galilei**. 1939

Jammer, Max: **Concepts of Space**. The History of Theories of Space in Physics. Dover Books, New York 1993 (1954)

Jammer, Max: **Concepts of Force**. Dover Books, New York 1999 (1957)

Jammer, Max: **Concepts of Mass in Classical and Modern Physics**. Dover Books, New York 1961

Schriften von und über Einstein

Karl von Mayenn (Herausgeber): **Albert Einsteins Relativitätstheorie. Die grundlegenden Arbeiten**. vieweg 1990. Enthält folgende Artikel über die ART:
- Einiges über die Entstehung der Allgemeinen Relativitätstheorie (1930)
- Über den Einfluß der Schwerkraft auf die Ausbreitung des Lichts (1911)
- Erklärung der Perihelbewegung des Merkur aus der allgemeinen Relativitätstheorie (1915)
. Die Feldgleichungen der Gravitation (1915)
- Die Grundlage der allgemeinen Relativitätstheorie (1916)
- Lense-like action of a star by deviation of light in the gravitational field (1936)
- On gravitational waves (1937)
- Generalized theory of gravitation (1948)

Einstein, Albert: Über das Relativitätsprinzip und die aus demselben gezogenen Folgerungen. Jahrbuch der Radioaktivität und Elektronik 4, 411-462 (1907)

Einstein, Albert: Lichtgeschwindigkeit und Statik des Gravitationsfeldes. Annalen der Physik Volume 343, Issue 7 (1912) p. 355-369

Einstein, Albert: Die Feldgleichungen der Gravitation. Sitzungsberichte der Preußischen Akademie der Wissenschaften 1915, S. 844-847

Einstein, Albert: Erklärung der Perihelbewegung des Merkur aus der Allgemeinen Relativitätstheorie. Sitzungsberichte der Preußischen Akademie der Wissenschaften 1915, 831-839

Einstein, Albert: Über die spezielle und die allgemeine Relativitätstheorie. Gemeinverständlich. Vieweg, Dezember 1916

Einstein, Albert: Die Grundlage der allgemeinen Relativitätstheorie. Annalen der Physik 49, 769-822 (1916)

Einstein, Albert: Der Energiesatz in der allgemeinen Relativitätstheorie, Sitzungsberichte der Preußischen Akademie der Wissenschaften, Berlin, 142 – 152 (1918), 16.5.1918, S. 448-459. Aus: Energie und Impuls des Metrischen Feldes, sd02071.pdf

Einstein, Albert: Dialog über Einwände gegen die Relativitätstheorie. Die Naturwissenschaften 6 (48), 29. November 1918

Einstein, Albert: Was ist Relativitätstheorie? 28.11.1919 in der Times unter dem Titel "My Theory"

Einstein, Albert: Äther und Relativitätstheorie. Rede, gehalten am 5. Mai 1920 an der Reichsuniversität zu Leiden

Einstein, Albert: Geometrie und Erfahrung. Erweiterte Fassung des Festvortrags, Springer 1921

Einstein, Albert: Einheitliche Feldtheorie von Gravitation und Elektrizität. Sitzungsberichte der Preussischen Akademie der Wissenschaften, Phys.-math. Klasse, 1925, S. 414-419.

Einstein, Albert: Relativitätstheorie. 7 September 1927 In: Reclam Praktisches Wissen, 1927, pp. 5–8

Einstein, Albert: Riemann-Geometrie mit Aufrechterhaltung des Begriffs des Fernparallelismus. Sitzungsberichte der Preussischen Akademie der Wissenschaften, Phys.-math. Klasse, 1928, S. 217-221.

Einstein, A.; Infeld, L.; Hoffmann, B.: The Gravitational Equations and the Problem of Motion. Annals of Mathematics Vol. 39, No. 1, January 1938, pp. 65-100

Lehrbücher

alt:

Max von Laue: **Die Relativitätstheorie**. Braunschweig 1921

Wolfgang Pauli: **Relativitätstheorie**. Berlin 1921

Max Born: **Die Relativitätstheorie Einsteins und ihre physikalischen Grundlagen**. Berlin 1922

Hermann Weyl: **Raum. Zeit. Materie. Vorlesungen über allgemeine Relativitätstheorie**. Berlin ab 1910 (viele verbesserte Auflagen) neu:

Charles W. Misner, Kip S. Thorne, John Archibald Wheeler: **Gravitation**. W. H. Freeman & Co 1973

Sexl, R.U.; Urbantke, H.K.: **Gravitation und Kosmologie. Eine Einführung in die Allgemeine Relativitätstheorie**. Bibliographisches Institut, Zürich 1975

Ciufolini, Ignazio; Wheeler, John Archibald: **Gravitation and Inertia**. Princeton Univ. Press 1995

Geschichte

John Norton: How Einstein found his field equations: 1912-1915. 1984

Isaksson, Eva: Der finnische Physiker Gunnar Nordström und sein Beitrag zur Enstehung der allgemeinen Relativitätstheorie Albert Einsteins. University of Helsinki 1985

John Blackmore: Ernst Mach Leaves 'The Church of Physics'. Brit. J. Phil. Sci. 40 (1989), 519-540

Klaus Hentschel: Erwin Finlay Freundlich and Testing Theory of Relativity. Dec. 24, 1992

Klaus Hentschel: Zur Rolle Hans Reichenbachs in den Debatten um die Relativitätstheorie (mit der vollständigen Korrespondenz Reichenbach - Friedrich Adler im Anhang). 1994

Gunter Kohl: Relativität in der Schwebe. Die Rolle von Gustav Mie. ca. 2000

Stefan L. Wolff: Physiker im „Krieg der Geister". 2001

Christopher Smeenk and Christopher Martin: Mie's Theories of Matter and Gravitation. July 18, 2005

A.J. Kox, Jean Eisenstaedt (Editors): **The Universe of General Relativity**. Birkhäuser 2005

Miller, Arthur: **Der Krieg der Astronomen. Wie die Schwarzen Löcher das Licht der Welt erblickten**. DVA München 2005

Stefan Röhle: Willem de Sitter in Leiden - Ein Kapitel in der Rezeptionsgeschichte der Relativitätstheorien. Universität Mainz 2007

Galina Weinstein: Genesis of general relativity – Discovery of general relativity. 2012

Michele Mattia Valentini: Max Abraham's and Tullio Levi-Civita's approach to Einstein Theory of Relativity. Bologna 2014

Wie Einstein berühmt wurde:

Stanley Goldberg: **Understanding Relativity**. Origin and Impact of a Scientific Revolution. Birkhäuser, Boston 1984, p.309

Marshall Misner: Why Einstein Became Famous in America. Social Studies of Science, Vol. 15 No 2 (May 1985), 267-291

Wertheim, Margaret: **Die Hosen des Pythagoras. Physik, Gott und die Frauen**. Ammann Verlag 1998 (1994)

Waller, John: **Fabulous Science. Fact and Fiction in the History of Scientific Discovery**. Oxford 2002. Chapter 3: The Eclipse of Isaac Newton: Arthur Eddington's 'proof' of general relativity

Powell, Corey S.: **God in the Equation. How Einstein Became the Prophet of the New Religious Era.** New York 2002

Albert-László Barabási: **The Formula. The Universal Laws of Success**. Little, Brown and Company, New York Boston London 2018

Kritisches

E. Gehrcke: Die Relativitätstheorie eine wissenschaftliche Massensuggestion. Berlin 1920

Ian McCausland: Anomalies in the History of Relativity. Journal of Scientific Exploration, Vol. 13, No. 2, pp. 271–290, 1999

Rotation und Ehrenfestsche Scheibe

P. Ehrenfest: Gleichförmige Rotation starrer Körper und Relativitätstheorie. Physikalische Zeitschrift Bd. 10, S. 918, 1909

Lars Rosenberger: Das Problem der Rotation in der Allgemeinen Relativitätstheorie. 2002

Robert D. Klauber: Relativistic Rotation - A Comparison of Theories. 16. Dec. 2006

Michael Weiss: The Rigid Rotating Disk in Relativity. 2013

Galina Weinstein: Einstein's Uniformly Rotating Disk and the Hole Argument. 22 April2015

Rüdiger Vaas: Von der rotierenden Scheibe zur gekrümmten Raumzeit. In: **Jenseits von Einsteins Universum. Von der Relativitätstheorie zur Quantengravitation.** Kosmos, Stuttgart 2015

Gravitation, Trägheit, Machsches Prinzip

F. Mossotti, "Azione reciproca che si esercita fra due atom is ferici, secondo la retta congiungente il oro centri di gravita [Reciprocal action which is exerted between two spherical atoms, according to the straight line joining their centers of gravity," in G. Codazza "Considerazionj e studi anal itici sui principio della correlazione delle azioni fisiche e dinamiche [Considerations and analytic studies on the principle of correlation of physical actions and dynamics]," Atti del Reale Istituto Lombardo di Scienze, Lettere e Atti, III, 1863, pp. 176-178

Karl Friedrich Zöllner: **Principien einer elektrodynamischen Theorie der Materie**. Wilhelm Engelmann, Leipzig 1876

Ernst Mach: **Die Mechanik in ihrer Entwicklung historisch-kritisch dargestellt**. Leipzig, Brockhaus 1897

Robert Musik: **Beitrag zur Beurteilung der Lehren Machs**. Dissertation 1908 (Rowohlt 1980)

Erwin Schrödinger: Die Erfüllbarkeit der Relativitätsforderung in der klassischen Mechanik. Annalen der Physik 382(11) 1925, 325 - 336

D. F. Roscoe: Gravity out of Inertia. Apeiron, No. 9-10, Winter-Spring 1991

Assis, A. K. T.; Graneau, P.: Nonlocal forces of inertia in cosmology. Foundations of Physics, Vol. 26, pp. 271-283 (1996).

Andre K.T. Assis: **Relational Mechanics**. Apeiron 1999

Galina Granek: Poincaré's Ether: C. Conventionalism Revisited. Apeiron, Vol. 8, No. 2, April 2001

Matthew R. Edwards (ed.): **Pushing Gravity. New Perspectives on Le Sage's Theory of Gravitation**. Apeiron, Montreal 2002

M. Sachs and A.R. Roy (editors): **Mach's Principle and the origin of inertia**. Apeiron, Montreal 2003

Alexander Afriat and Ermenegildo Caccese: The relativity of inertia and reality of nothing. March 21, 2008

Harvey R. Brown, Dennis Lehmkuhl: Einstein, the reality of space, and the action–reaction principle. 20 Jun 2013

Engelhardt, W.: Free Fall in Gravitational Theory. ResearchGate, 06 January 2017

A. K. T. Assis: Empedocles, Newton, the Centrifugal Force and Their Bucket Experiments. Apeiron, Volume 20, Hors série 3, August 2017

Yoji Hagiya: Gravity can be caused by the difference of Coulomb's constants. 2021

Bengt E Nyman: Dipole. 19. 6. 2022, https://www.dipole.se/

Mängel der ART

Verletzung der Energie-Erhaltung:

Erwin Schrödinger: Die Energiekomponenten des Gravitationsfeldes. Physikalische Zeitschrift, 19, (1918)

Einstein, Albert: Notiz zu E. Schrödingers Arbeit "Die Energiekomponenten des Gravitationsfeldes". Physikalische Zeitschrift 19. Jahrgang 1918

A. Einstein: Über Gravitationswellen. Sitzungsberichte der Preußischen Akademie der Wissenschaften, Berlin 14. Februar 1918

Carroll O. Alley, Darryl Leiter, Yutaka Mizobuchi, Hüseyin Yılmaz: Energy Crisis in Astrophysics. 1999

Sibusiso S. Xulu: The Energy-Momentum Problem in General Relativity. 11. Aug. 2003

Andreas Trupp: The energy density of the gravitational field. Physics Essays 32, 4 (2019)

Zweikörperproblem:

Tullio Levi-Civita: "Astronomical Consequences of the Relativistic Two-Body Problem", American Journal of Mathematics, Vol. 59, No. 2 (Apr., 1937), pp. 225-234

H. P. Robertson: The Two Body Problem in General Relativity. Annals of Mathematics, Second Series, Vol. 39, No. 1 (Jan., 1938), pp. 101-104

Hermann Bondi: Conservation and Non-Conservation in General Relativity. Proceedings of the Royal Society of London. Series A, Mathematical and Physical Sciences. Vol. 427, No. 1873 (Feb. 8, 1990), pp. 249-258

Hüseyin Yilmaz: Toward a field theory of gravitation. Il Nuovo Cimento B (1971-1996) volume 107, pages 941–960 (1992)

Misner, Charles W.: Yilmaz Cancels Newton. 28.April 1995

Carroll O. Alley and Per Kennett Aschan: Refutation of C. W. Misner's claims in his article "Yılmaz Cancels Newton". 30 June 1995

Laro Schatzer: There Are No Black Holes! An introduction to the Yilmaz Theory of Gravity. 11th September 1996

C. O. Alley and H. Yılmaz: Response to Fackerell's Article. 15 August 2000

Kosmologien

Cormac O'Raifeartaigh: A new perspective on Einstein's philosophy of cosmology. 2015

Cormac O'Raifeartaigh: Albert Einstein and the origins of modern cosmology. Physics Today, 3 February 2017

Klein-Kaluza:

A. Einstein: Zu Kaluzas Theorie des Zusammenhangs von Gravitation und Elektrizität. Sitzungsberichte der Preußischen Akademie der Wissenschaften (Berlin), Physikalisch-mathematische Klasse. 1927, S. 23–25

Giulio Peruzzi, Alessio Rocci: Albert Einstein and the fifth dimension. A new interpretation of the papers published in 1927. July 17, 2019

Versuche

Allgemein:

Klaus Hentschel: Erwin Finlay Freundlich and Testing Theory of Relativity. 1993

Keith John Treschman: Astronomical Tests of General Relativity. 2015

Periheldrehung der Merkurbahn:

Paul Gerber: Die räumliche und zeitliche Ausbreitung der Gravitation. Zeitschrift für Mathematik und Physik. 43, 1898, S. 93–104

Gerold von Gleich: Perihelbewegung bei veränderlicher Masse. Annalen der Physik Volume 383, Issue 21 p. 498-504 (1925)

Roseveare, N.T.: Leverrier to Einstein: A Review of the Mercury Problem. Vistas in Astrononomy, 1979, Vol.23, pp. 165-171. Pergamon Press

Roseveare N.T.: **Mercury's perihelion, from Le Verrier to Einstein**. Oxford University Press 1982

Nedvéd, Rudolf: Mercury's Anomaly and the Stability of Newtonian Bisystems. Physics Essays volume 7, number 3, 1994, pp. 374-384

Paul Marmet: Berechnung der Drehung des Perihels von Merkur. 11.09.2012

Miles F. Osmaston: Gravity as an Interaction Communicated at Finite Velocity (c) - as in CT. Gravity MarcAdv&Gerber-Page&Refs-10ptForV9.doc/pdf, 2013

Wolfgang Engelhardt: Free Fall in Gravitational Theory. 06 January 2017

Steven D. Deines: Comparing Relativistic Theories Against Observed Perihelion Shifts of Icarus and Mercury. International Journal of Applied Mathematics and Theoretical Physics 2017; 3(3): 61-73

Anatoli Vankov: Einstein's Paper: "Explanation of the Perihelion Motion of Mercury from General Relativity Theory". 2020-05-28

S.P. Pogossian: Comparative study of Mercury's perihelion advance. 2021

Christian Corda: The secret of planets' perihelion between Newton and Einstein. April 25, 2021

Rotverschiebung der Sonnenstrahlen

Edward H. Dowdye, Jr.: Gravitational Light Bending History is Severely Impact-Parameter Dependent. Proceedings of the NPA, Albuquerque, NM 2012

Keith John Treschman: Early Astronomical Tests of General Relativity: the anomalous advance in the perihelion of Mercury and gravitational redshift. Asian Journal of Phsics Vol. 23 Nos 1&2 (2014) 171-188

Mark J. Lofts: What Causes the Gravitational Deflection of Light and the Anomalous Perihelion Shift of Mercury? the general science journal ca. 2020

Ablenkung der Lichtstrahlen bei Sonnenfinsternissen:

J. Soldner: Ueber die Ablenkung eines Lichtstrals von seiner geradlinigen Bewegung, durch die Attraktion eines Weltkörpers, an welchem er nahe vorbei geht. G. A. Lange, Berlin 1804 (Berliner Astronomisches Jahrbuch, 161-172)

Lenard, Philipp: Vorbemerkung Lenards zu Soldners: Über die Ablenkung eines Lichtstrahls von seiner geradlinigen Bewegung durch die Attraktion eines Weltkörpers, an welchem er nahe vorbeigeht. Annalen der Physik. Vierte Folge. Band 65, SS. 593-604 (1921)

John Maddox: More precise solar-limb light-bending. Nature Vol 377 · 7 September 1995

Waller, John: **Fabulous Science. Fact and Fiction in the History of Scientific Discovery**. Oxford 2002.

Richard Moody Jr.: The Eclipse Data From 1919: The Greatest Hoax in 20th Century Science. Infinite Energy 87, Sept./Oct. 2009

Paul Marmet: Die Ablenkung des Lichtes durch das Gravitationsfeld der Sonne: Eine Analyse der Sonnenfinsternis-Expeditionen 1919. In: Einsteins Relativitätstheorie kontra klassische Mechanik. Deutsche Übersetzung 7.9.2012

Clifford M. Will: The Confrontation between General Relativity and Experiment. 28 Mar 2014

Lense-Thirring:

Ciufolini, I.; Pavlis, E. C.: A confirmation of the general relativistic prediction of the Lense-Thirring effect. Nature, 431, 958 (21 October 2004)

Herbert Pfister: On the history of the so-called Lense-Thirring effect. 2006

Olga Chashchina, Lorenzo Iorio and Zurab Silagadze: Elementary derivation of the Lense-Thirring precession. 94.08.2008

H. Thirring: Über die Wirkung rotierender ferner Massen in der Einsteinschen Gravitationstheorie. Phys. Zeitschr. 19, 33 (1918)

Pound-Rebka:

Mathis, Miles: An Explosion of the Pound-Rebka-Experiment. http://milesmathis.com/pound.html

Schwarze Löcher

K. Schwarzschild: Über das Gravitationsfeld eines Massenpunkts nach der Einsteinschen Theorie. Sitzungsberichte der Deutschen Akademie der Wissenschaften, 3. Februar 1916, S. 189-196

Michael S. Morris, Kip S. Thorne, Ulvi Yurtsever: Wormholes, Time Machines, and the Weak Energy Condition. Physical Review Letters Vol. 61, No. 13, 26. September 1988

Leonard S. Abrams: Black Holes: The Legacy of Hilbert's Error. Ca. J. Phys. 67 (1989) 919

Marek Artur Abramowicz: Black Holes and the Centrifugal Force Paradox. Scientific American March 1993

Thorne, Kip: **Black Holes and Time Warps: Einstein's Outrageous Legacy.** W.W. Norton, New York 1994

M.X Shao *, Z. Zhao: The Location and Temperature of Event Horizon for General Black Hole via the Method of Damour-Ruffini-Zhao. 21 Oct 2000

Stephen J. Crothers: A Blind Man in a Dark Room Looking for a Black Hole that isn't There. August 17, 2012. https://www.thunderbolts.info/wp/2021/08/17/a-blind-man-in-a-dark-room-looking-for-a-black-hole-that-isnt-there-4/

Zeeya Merali: Fire in the Hole! Nature Vol. 496, 4 April 2013 ("The Event Horizon is Literally a Ring of Fire")

Stephen J. Crothers: Black Hole and Big Bang: A Simplified Refutation. 5 June 2013

Wolfgang Engelhardt: Contemplation on a Black Spot. May 2019

Gravitationswellen

A. Einstein: Über Gravitationswellen. Sitzungsberichte der Preußischen Akademie der Wissenschaften Jahrgang 1918, Erster Halbband, S. 154-167

Daniel Kennefick: Einstein Versus the Physical Review. A great scientist can benefit from peer review, even while refusing to have anything to do with it. Physics Today 58, 9, 43 (2005)

Clifford M. Will: **The Confrontation between General Relativity and Experiment**. Living Rev. Relativity, 9, (2006), 3

Crothers, Stephen J.: The Schwarzschild solution and its implications for gravitational waves. Conference of the German Physical Society, Munich, March 9-13, 2009

Stephen J. Crothers: Gravitational Waves: Propagation Speed is Co-ordinate Dependent. http://meetings.aps.org/Meeting/APR18/Session/F01.62

Florian Freistetter: Wo sind die Gravitationswellen? 28. Mai 2013. http://scienceblogs.de/astrodicticum-simplex/tag/kosmische-hintergrundstrahlung/feed/

Alina Schadwinkel: Der Sensationsfund ist zu Staub zerfallen. ZEIT ONLINE 2. Februar 2015

Stephen J. Crothers: Relativistic Cosmology and Einstein's 'GravitationalWaves'. 2nd August 2016

Alberto Miatello: "Gravitational Waves": Great Discovery or Blunder? 2016

Alberto Miatello: " Gravitational Waves " : a Nobel Prize to a " Non-Discovery "

Marcia Bartusiak: **Einstein's Unfinished Symphony. The Story of a Gamble, Two Black Holes, and a New Age of Astronomy**. Yale University Press 2017

Susanne Päch: Blinde Forscher im fiktiven Datenlabyrinth. Spektrum.de Scilogs, 24. Sep 2017

D. Giulini und C. Kiefer, Gravitationswellen, essentials. Springer Fachmedien Wiesbaden GmbH 2017

The Mathematics of Gravitational Waves. Part One: How the Green Light Was Given for Gravitational Wave Search by C. Denson Hill and Paweł Nurowski. Part Two: Gravitational Waves and Their Mathematics by Lydia Bieri, David Garfinkle, and Nicolás Yunes. Notices of the AMS Vol. 64 No. 7, August 2017

Alexander Unzicker: Fake News aus dem Universum? TELEPOLIS (heise online) 11. Juni 2019

Plagiate

allgemein:

Christopher Jon Bjerknes: **Einstein's Plagiarism of the General Theory of Relativity**. CJBbooks.co, 2003, 2006, 2017

Abraham:

A. Einstein: Relativität und Gravitation. Erwiderung auf eine Bemerkung von M. Abraham. 4. Juli 1912

Max Abraham: Relativität und Gravitation. Erwiderung auf eine Bemerkung des Herrn A. Einstein. Annalen der Physik, vierte Folge, Band 38 1912

Gerber:

Paul Gerber: Die räumliche und zeitliche Ausbreitung der Gravitation. Zeitschrift für Mathematik und Physik. 43, 1898, S. 93–104

Hilbert:

Mehra, Jagdish: **Einstein, Hilbert, and the Theory of Gravitation**. D. Reidel Publ. Co, Dordrecht/Boston 1974

Corry, Leo; Renn, Jürgen; Stachel, John: Belated Decision in the Hilbert-Einstein Priority Dispute. Science, Vol. 278, 14. Nov. 1997, p. 1270-1273

Logunov, A.A.; Mestvirishvili, M.A.; Petrov, V.A.: HOW WERE THE HILBERT–EINSTEIN EQUATIONS DISCOVERED? arXiv:physics/04050755v3 [physics.hist-ph] 16 Jun 2004

Wuensch, Daniela: **"zwei wirkliche Kerle". Neues zur Entdeckung der Gravitationsgleichungen der Allgemeinen Relativitätstheorie durch Albert Einstein und David Hilbert**. Termessos, Göttingen 2005. ISBN 3-938016-04-3

Cartan:

Goenner, Hubert F. M.: On the History of Unified Field Theories. Living Rev. Relativity, 7, (2004), 2

Mathematik

Hoenselaers, C.; Skea, J.: Generating solutions of Einstein's field equations by typing mistakes. General Relativity Gravity 21 (1989), p. 17-20

John D Norton: General covariance and the foundations of general relativity: eight decades of dispute. March 1993

John D. Norton: General Covariance, Gauge Theories and the Kretschmann Objection. August 2001

Hans Stephanie et al.: **Exact Solutions of Einstein's Field Equations**. Cambridge University Press 2003

Kovarianz:

John Earman & Clark Glymour: Lost in the tensors. Einstein's struggles with covariance principles 1912–1916. Stud. Hist. Phil. Sci., Vol. 9 (1978), No. 4. pp. 251 - 278

Science Fiction:

Das Schwarze Loch. Disney Studios 1970. Regie: Gary Nelson. Darsteller: Maximilian Schell, Anthony Perkins, Yvette Mimieux

Peter Schattschneider: **Zeitstopp**. suhrkamp 1982. **Singularitäten**. 1984

Event Horizon – Am Rande des Universums. Paul W. S. Anderson 1997

Interstellar. Christopher Nolan 2014; wissenschaftliche Beratung: Kip Thorne.

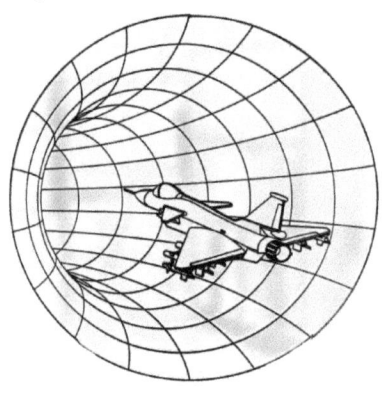

Weitere Bücher des Verfassers:

Peter Ripota präsentiert:
Das Rätsel
der Quanten

... und seine Lösung!

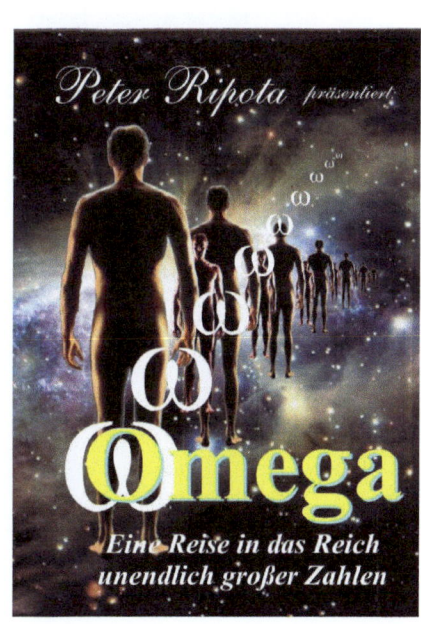

Das Auge Jupiters

und andere Sciencefiction-Detektivgeschichten

ausgedacht und ausgewählt von:
Peter Ripota

Peter Ripota
präsentiert:

Der Untergang Österreichs

und   aus
andere   parallelen
Szenarien   Welten

Alternative Geschichte einmal anders!